KB240769

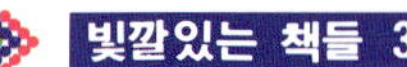

한국의 텃새

글, 사진/윤무부

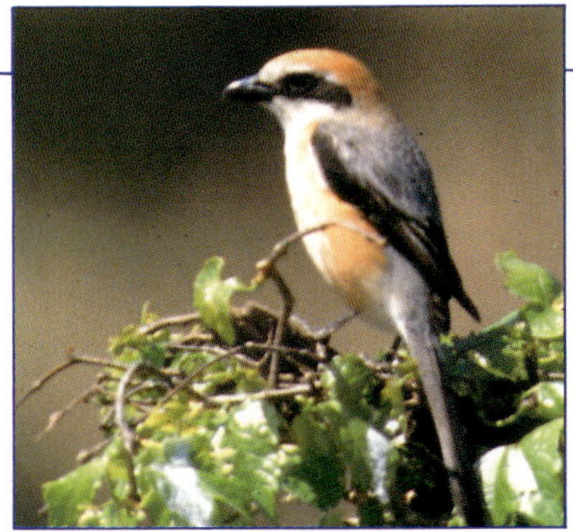

대원사

윤무부 ────────────────

1941년 경남 거제(장승포) 출생으로
경희대 생물학과와 동 대학원을 졸업
했다. 현재 서울시 동물자문위원과
한강보전자문위원, 문화부 문화재전
문위원이며 경희대 생물학과 교수로
있다. 저서로는「한국의 새소리」
「한국의 조류 생태도감」「강원의
자연」(조류편)「최신 한국조류명
집」「한국의 철새」(대원사) 등이
있다.

한국의 텃새

한국의 텃새

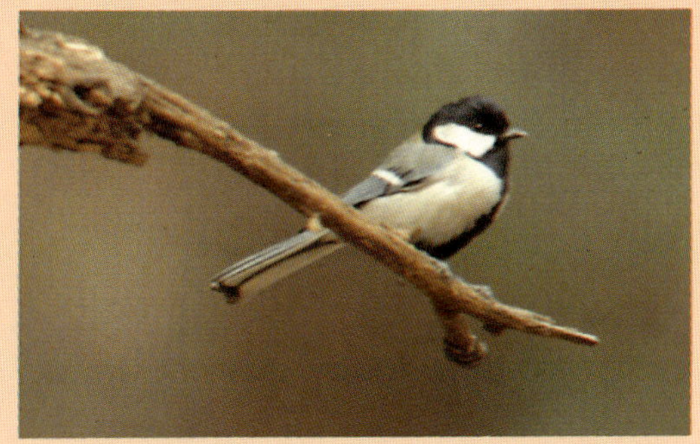

우리나라의 텃새

우리나라의 조류에 대한 최초의 논문은 1885년에 트리스트람 (Tristram)이 세계 학회에 발표한 8종에 대한 연구 논문이다. 그 뒤 100여 년이 지나 최근에 이르기까지 약 400여 종과 그 아종 (亞種)이 밝혀져 왔다.

최근 1964년도 이후 우리나라의 조류학에 대한 많은 연구 결과로 혁신적인 조류에 대한 연구 논문이 나왔으며, 지금까지 알려지지 않은 새로운 종류와 우리나라 각 지역에 대한 조류 조사로 인하여 조류의 종류, 분포, 번식 생태 등 거의 대부분이 밝혀졌다.

그러나 지금까지 우리나라에서 텃새, 철새, 미조(길 잃은 철새) 등 총 394종과 아종이 알려졌으나 그 동안 많은 조류들이 사라지거나 우리 주변에 나타나지 않고 있으며, 아무리 조류 전문가라도 일 년 동안 산과 들로 열심히 새를 찾아다니면서 보려고 노력해도 180여 종밖에 볼 수 없다.

1960년도 이후부터 우리나라는 좁은 국토에 급격한 인구 증가로 세계 최고의 인구 밀도를 가져오다 보니 산새들이 살던 터전을 빼앗게 되고, 공업화로 인한 공해 등은 산새, 들새, 해양 조류들의 감소를

더욱 빠르게 만들었다.

최근 우리 주변에서는 우리나라 고유의 텃새들인 방울새, 멧새, 굴뚝새, 종다리 등 예전에는 많이 볼 수 있던 새들이 매우 드물어졌다. 이렇게 계속해서 새들이 사라진다고 가정하면 10년 뒤에는 모든 새들이 희귀종으로 지정되어야 하는 실정이다.

여기서 다루려는 한국의 텃새는 사라져 가는 우리나라 고유의 텃새들에 대한 새로운 인식을 갖게 하고, 학교 교육과 아마추어 조류 연구가 또는 조류학을 전공하는 사람들에게 조류에 대한 흥미를 갖게 하기 위해서 우리 주변에서 가장 쉽게 새를 볼 수 있는 환경부터 시작하여 산림, 습지, 해안 또는 먼 바다에 이르기까지 널리 퍼져 있는 새를 쉽게 소개하였다. 또한 지금까지 여름 철새로만 알려져 있으나 제주도, 거제도, 완도, 진도, 거문도 등 남해안의 상록수림에서 겨울을 나고 있는 새의 종류도 자세히 소개하였다.

우리나라에서 지금까지 알려진 새의 종류(총 394종과 아종)를 다음과 같이 분류하였다.

텃새(Resident) : 57종

겨울 철새(Winter Vistor) : 116종

나그네새(Passange Migrant) : 103종

여름 철새(Summer Vistor) : 64종

미조(길 잃은 철새, Vagrant) : 53종

절종(사라진 종, Probably extinct) : 1종

이 책에 실린 한국의 텃새는 총 57종 가운데 높은 산의 새인 잣까마귀와 심산 계곡에서 사는 물까마귀 등 각 2종만이 빠져 있다.

인가나 경작지에 사는 텃새

　사람이 많이 사는 도시의 공원, 근처의 산림 또는 시골 마을 근처의 논과 밭, 낮은 야산 등에는 참새를 비롯하여 꿩, 멧비둘기, 방울새, 때까치 등이 살고 있다.

　우리나라 조류 가운데 가장 많은 수를 차지하는 참새는 도시의 공원과 시골의 외딴 마을 등에 살며, 특히 번식기에는 시골의 산 밑에 있는 마을에서 많이 볼 수 있다.

　까치는 마을이나 논밭 부근의 미루나무, 아카시아, 참나무, 느티나무 등에 가장 많이 번식한다.

　논밭 근처에는 종다리, 굴뚝새 등이 많이 살고 마을의 외딴집 부근에서는 딱새를 가장 많이 볼 수 있는데 평지보다는 경사진 곳의 외딴 오래 된 집에 많이 번식한다.

　또 낮은 야산에는 노랑턱멧새, 때까치, 멧새 등이 번식하며 겨울이 되면 평지의 논밭 근처의 낮은 나무 등에 찾아온다.

　양비둘기는 남해안과 서해안의 큰 섬에 집단을 이루어 밭이나 그 부근에서 살며 일반적으로 무리를 지어 행동한다. 그러나 드물게 경기도 문산의 임진각 부근에서 적은 수가 관찰된다.

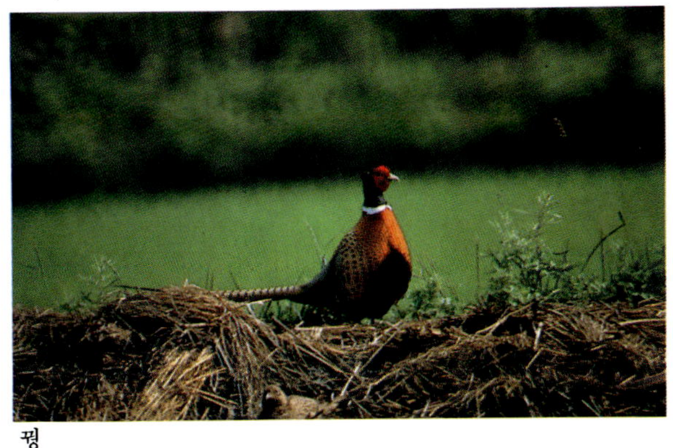

꿩

황조롱이는 도시의 개천가 상공에서 날아다니는 것을 볼 수 있고 도시의 아파트, 베란다, 높은 빌딩 사이에서 둥우리를 짓고 번식하는 수도 있으나 해안가 암벽에서 번식한다.

말똥가리는 추운 겨울에 많이 볼 수 있으나 매우 드물게는 울릉도 마을 부근의 밭 상공이나 큰 나무 꼭대기에서 볼 수 있다. 까마귀는 번식기에 시골의 조용한 논에서 먹이 구하는 것을 자주 볼 수 있고 논밭 근처의 산림 속 높은 나뭇가지 사이에 둥우리를 튼다.

동박새는 남해안 상록수림의 동백나무가 많은 곳에서는 흔히 볼 수 있으나 동백꽃이 피어 있지 않을 때에는 매우 드물다. 추운 겨울에는 나무의 즙액을 빨아먹고 산다.

이상의 텃새들은 번식기 동안인 3월 말부터 9월까지는 마을, 공원, 논밭 근처의 야산 등에서 살다가 추운 겨울이 오면 더욱 남쪽으로 무리를 지어 이동도 한다. 참새들은 번식이 끝나면 도시나 마을의 작은 무리를 제외하고 곧 무리를 지어 넓은 들이나 따뜻한 남부 지방으로 이동도 한다.

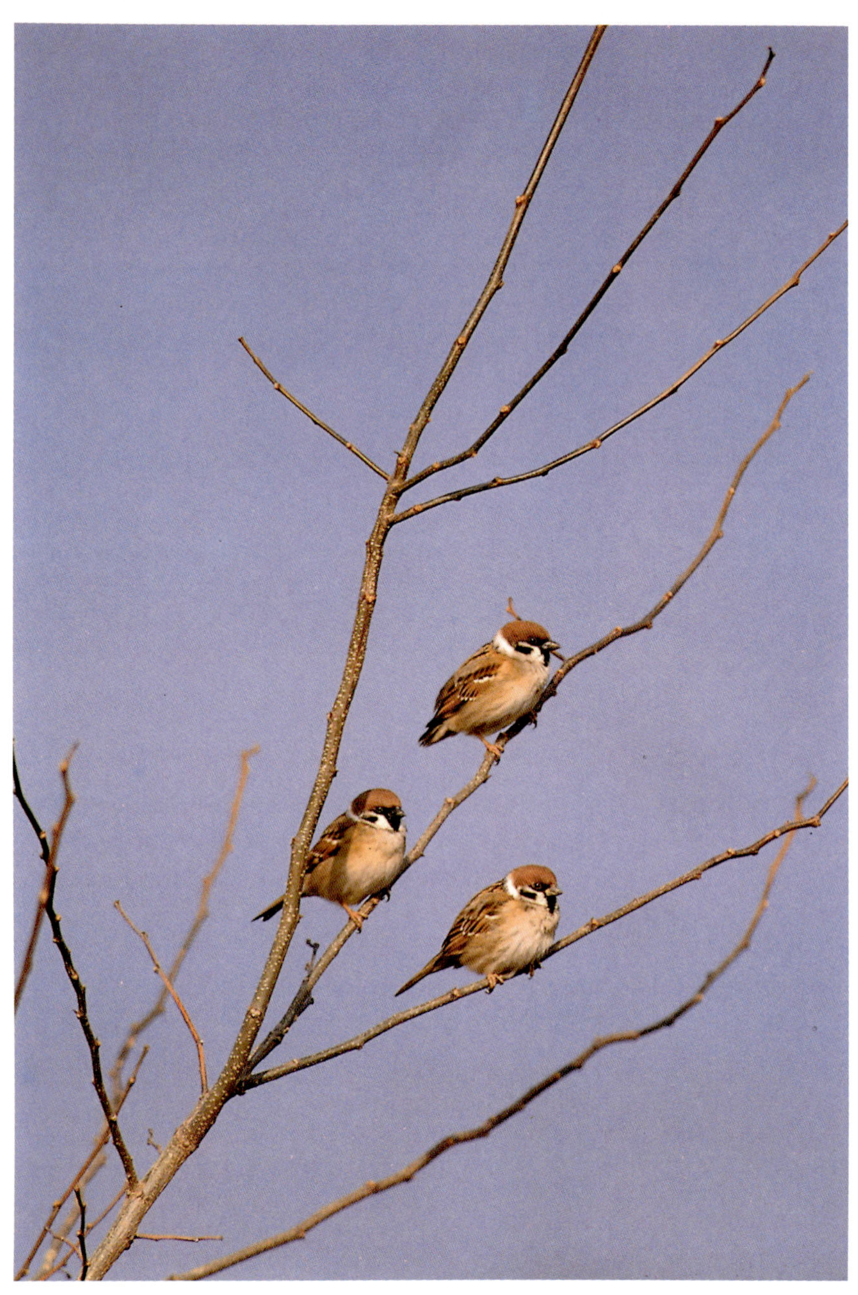

10 인가나 경작지에 사는 텃새

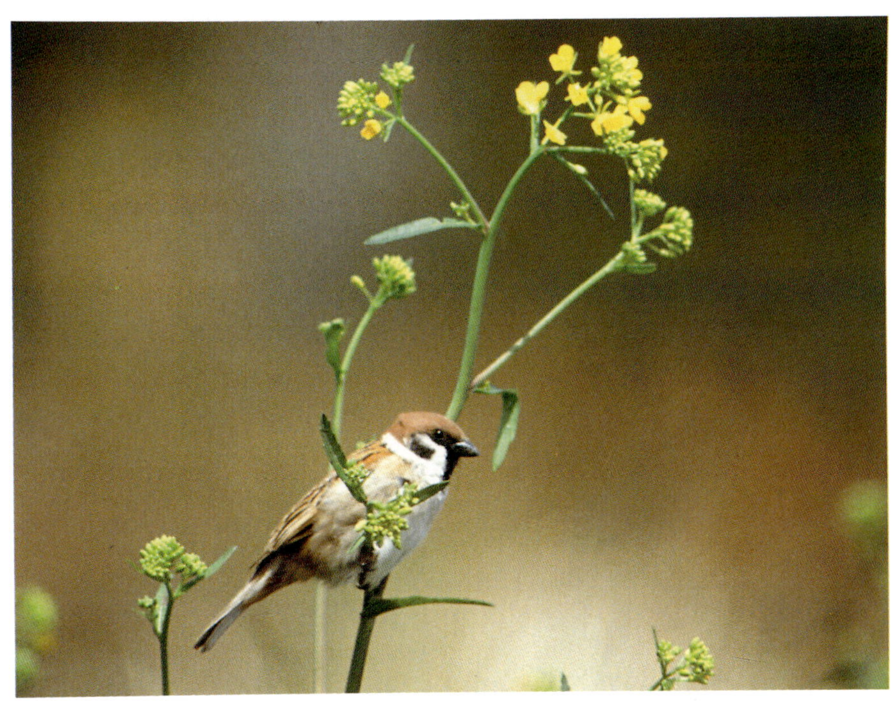

참새　(영명) Tree Sparrow　(학명) *Passer montanus dybowskii*　DOMANIEWSKI

참새과에 속하는 종으로 우리나라의 대표적인 텃새이다.

몸 길이는 약 14.5센티미터이며 암수의 깃털은 동일하다. 머리는 진한 밤색이며 등에
는 밤색 바탕에 검은 점이 흩어져 있다. 턱밑과 뺨은 검은색이고 가슴과 배는 때묻은
회색이다. 부리는 진한 흑갈색이며 다리는 흐린 갈색이다.

주로 도시나 시골의 인가 주변, 넓은 들판에서 산다. 둥우리는 움집이나 건물의 처마
밑에다 짓고, 5 내지 7개의 알을 낳는다. 번식기 먹이의 대부분은 곤충류이지만 번식
이 끝나면 곡류, 풀씨를 먹고 산다.

우리나라 어디에서나 흔히 볼 수 있으나 울릉도나 외딴섬에서는 서식하지 않는다.

(왼쪽, 오른쪽)

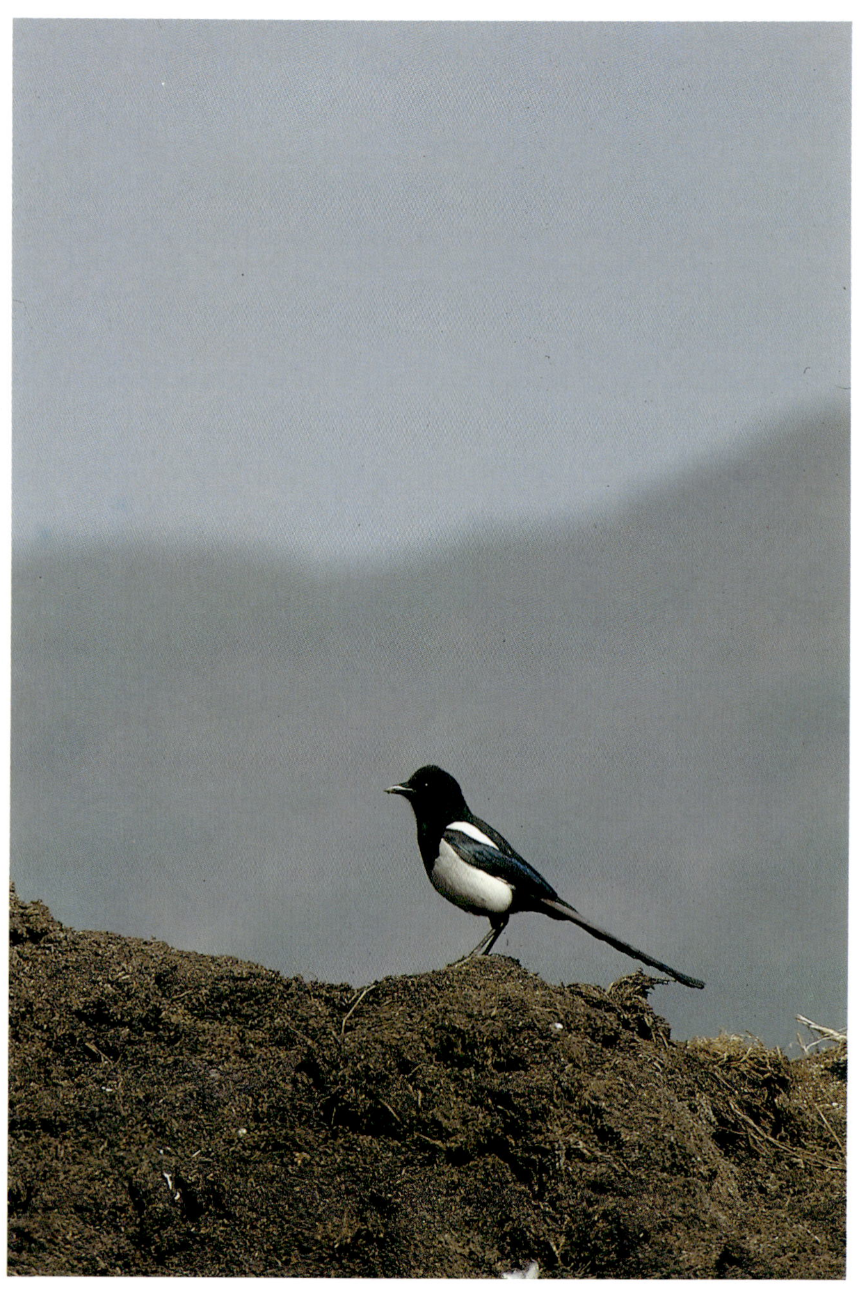

12 인가나 경작지에 사는 텃새

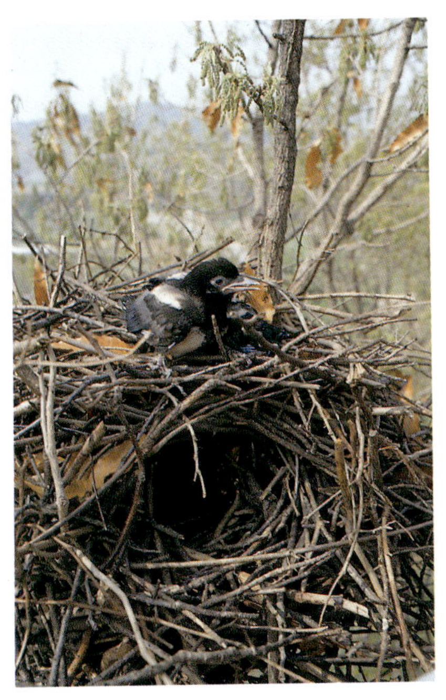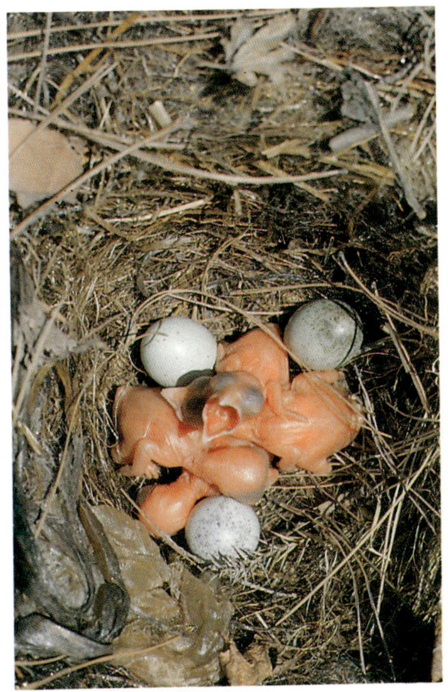

까치　（영명） Black-billed Magpie　（학명） *Pica pica sericea*　GOULD

까마귀과에 속하는 종으로 우리나라의 외딴섬을 제외한 전역에서 번식하는 흔한 텃새이다.

몸 길이는 약 45센티미터이며 암수의 깃털은 동일하다. 머리, 등, 가슴, 꽁지는 광택 있는 검은색이며 배는 흰색이다. 날개의 일부분은 흰색이고 나머지 부분은 진한 청록색이며 부리와 다리는 검은색이다.

주로 시골의 인가 주변, 들판, 야산, 도시의 공원 등에서 무리를 지어 산다. 둥우리는 소나무, 아카시아, 밤나무의 가지 위에다 짓고, 6개 정도의 알을 낳는다. 둥우리를 매년 짓기보다는 전에 사용하던 것을 보수하여 이용한다. 먹이로는 개구리류, 곤충류, 식물성인 보리, 쌀, 콩 등을 주로 먹는다.

우리나라 전역에서 흔히 볼 수 있으며 겨울철에는 주로 경남, 전남 등지에서 볼 수 있다. (왼쪽, 오른쪽)

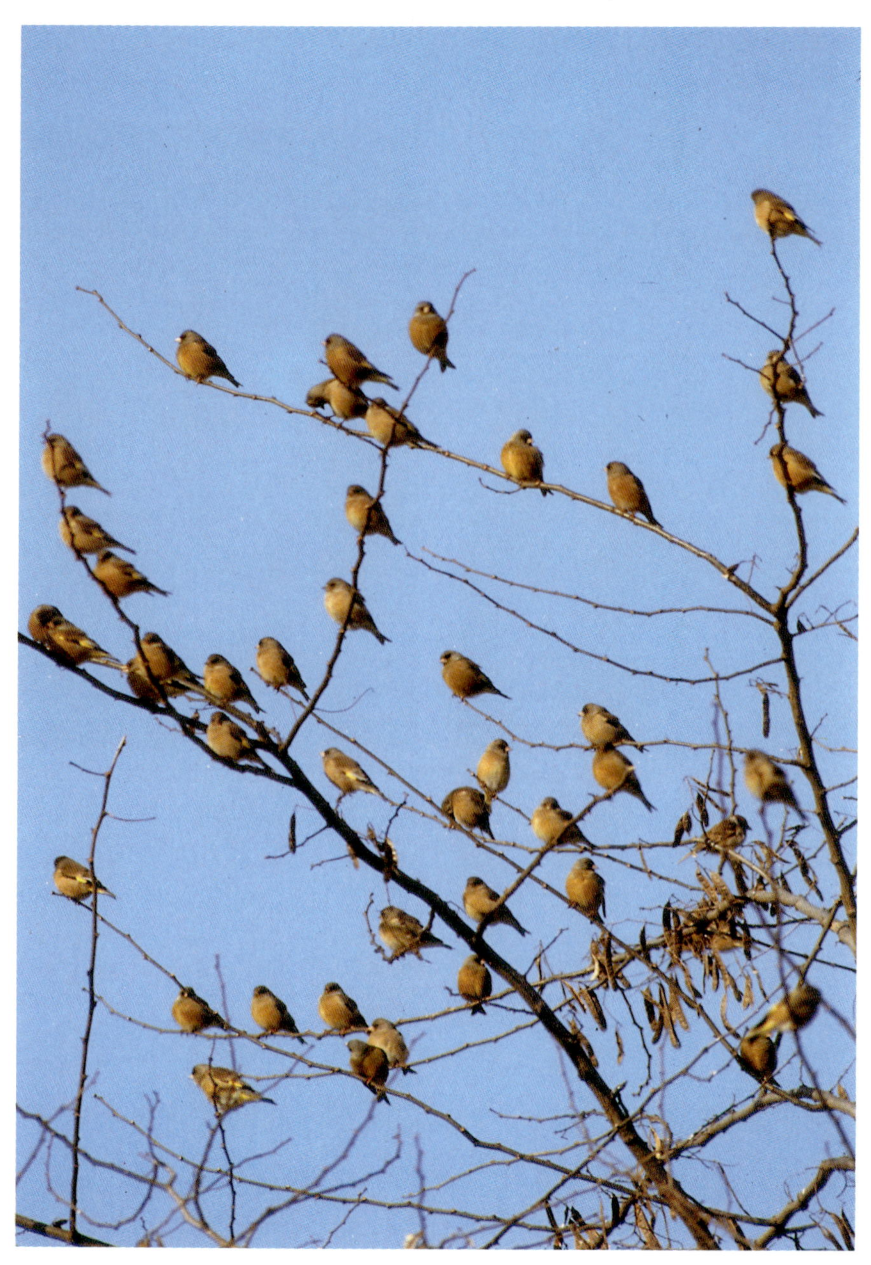

14 인가나 경작지에 사는 텃새

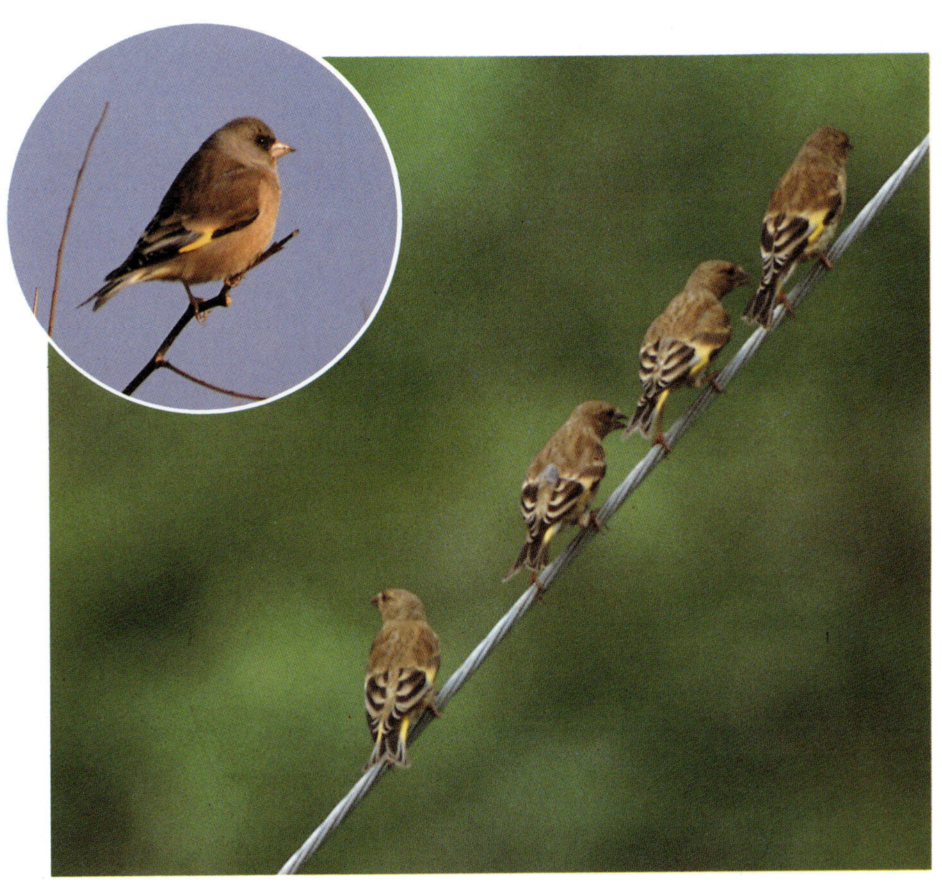

방울새 （영명） Oriental Greenfinch　（학명） *Carduelis sinica ussuriensis*　（HARTERT）
우리나라 전역에서 번식하는 되새과의 유일한 텃새이다.
몸 길이는 약 14.5센티미터이며 암수의 깃털과 크기가 거의 동일하다. 머리 꼭대기부
터 등까지는 갈색이 섞인 진한 회색이며, 가슴과 배는 황색을 띠는 갈색이다. 날개에
는 밝은 노랑색이 약간 섞여 있다. 암컷은 수컷에 비해 전체의 깃이 흐린 색이며 부리
와 다리는 진한 살색이다.
주로 마을이 가까운 논과 밭, 해안 지방의 소나무숲에서 산다. 둥우리는 소나무의
가지 위에다 짓고, 2 내지 5개의 알을 낳는다. 번식기에는 대부분 곤충류를 먹지만
그 밖에는 식물성인 잡초씨를 먹는다.
우리나라의 중부 내륙 지방보다는 해안가에서 흔히 볼 수 있다. (왼쪽, 오른쪽)

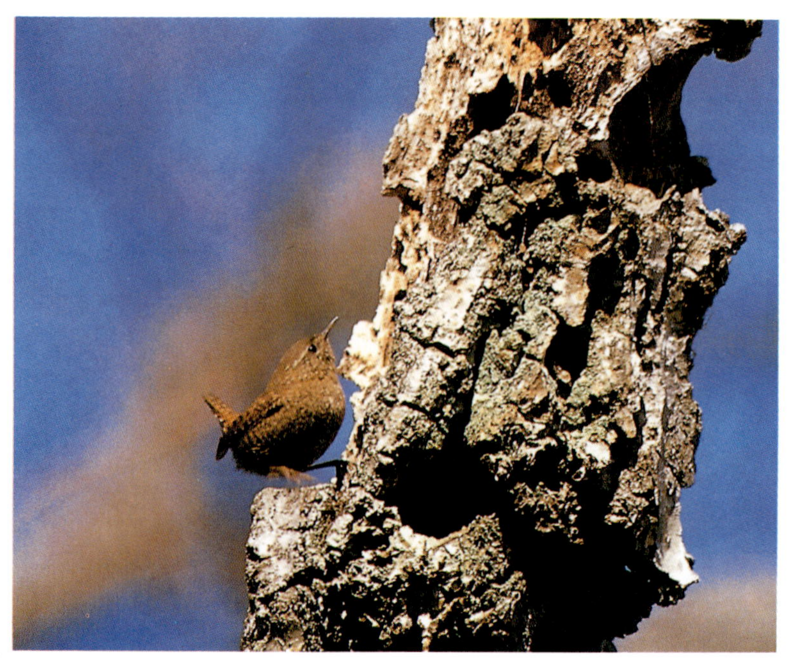

굴뚝새　（영명）Winter Wren
（학명）*Troglodytes troglodytes dauricus*　DYBOWSKI & TACZANOWSKI
굴뚝새과에 속하는 종으로 우리나라의 전역에서 번식하는 흔한 텃새이다.
몸 길이는 약 11센티미터이며 암수의 깃털은 동일하다. 겨울에는 깃의 머리 꼭대기에
서 꽁지까지 어두운 적갈색이고, 등과 어깨에는 갈색의 가는 가로 무늬가 있다. 가슴
과 배는 흐린 황백색을 띤 갈색이다. 윗부리는 어두운 갈색이고 아랫부리는 살색이며
다리는 흐린 갈색이다.
주로 관목의 숲이나 계류의 바위 위, 벼랑, 인가의 처마 밑 등에서 산다. 둥우리는
이끼류를 이용하여 인가의 처마 밑, 건물의 틈새, 교목의 뿌리에다 짓고, 4 내지 6개
의 알을 낳는다. 먹이로는 곤충류, 거미류를 즐겨 먹는다.
겨울철에는 우리나라의 전역에서 흔히 볼 수 있으나, 여름철에는 설악산 등 높은
산에서 볼 수 있다.

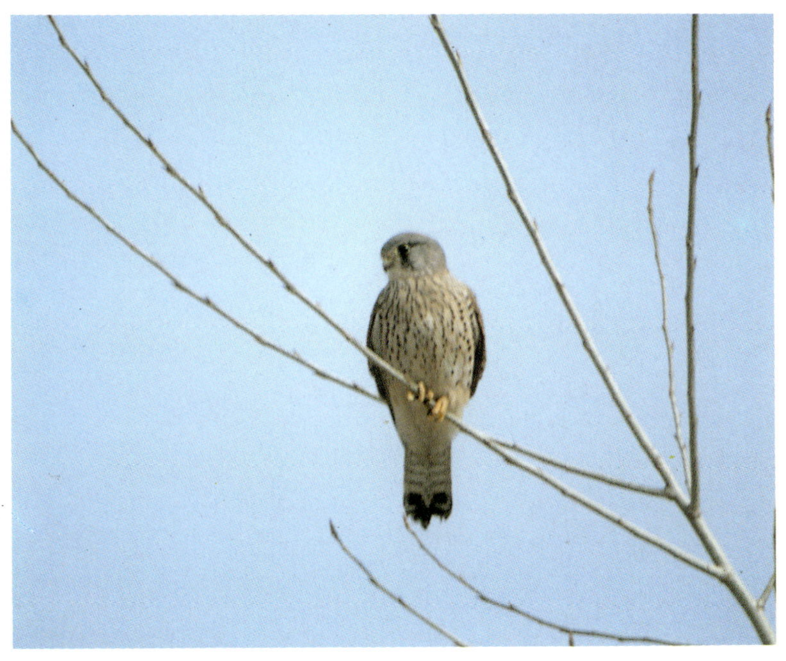

황조롱이　（영명）Kestrel　（학명）*Falco tinnunculus interstinctus*　HORSFIELD
매과에 속하는 종으로 우리나라의 전역에서 번식하는 텃새이다.
몸 길이는 약 30센티미터이며 암수의 깃털과 크기는 차이가 있으며 수컷이 암컷에 비해 약간 작다.
수컷의 머리는 회색 바탕에 검은 얼룩점이 있고 암컷은 흐린 밤색에 어두운 갈색의 넓은 반점이 있다. 수컷의 턱밑은 흐린 황갈색이고 암컷은 흰색이다. 수컷의 등과 어깨에는 붉은 밤색에 검은 얼룩무늬가 있고, 암컷은 붉은 밤색에 2개의 흑갈색 띠가 있다. 수컷의 가슴과 배는 황갈색이고 암컷은 진한 황갈색에 어두운 갈색의 세로 무늬가 있다. 또한 암수컷 모두 부리는 청색을 띠는 살색이며 다리는 황색이다.
주로 도시나 시골의 마을 부근에서 산다. 둥우리는 강가의 암벽, 건물의 벽 사이에 짓고 알을 낳는다. 먹이로는 설치류(쥐), 두더지, 곤충류 등을 즐겨 먹는다.
우리나라의 전국 일대에서 볼 수 있는 천연기념물 제323호이다.

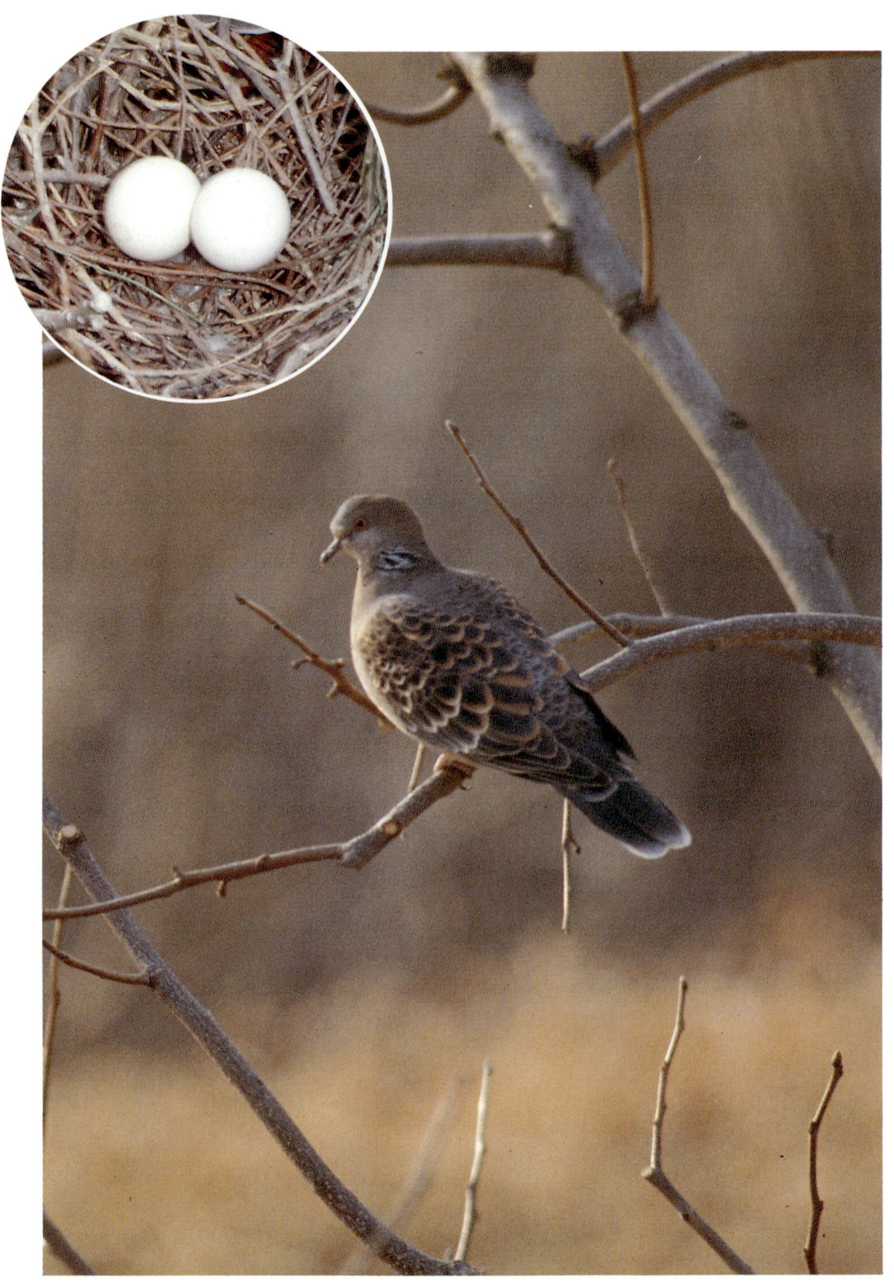

18 인가나 경작지에 사는 텃새

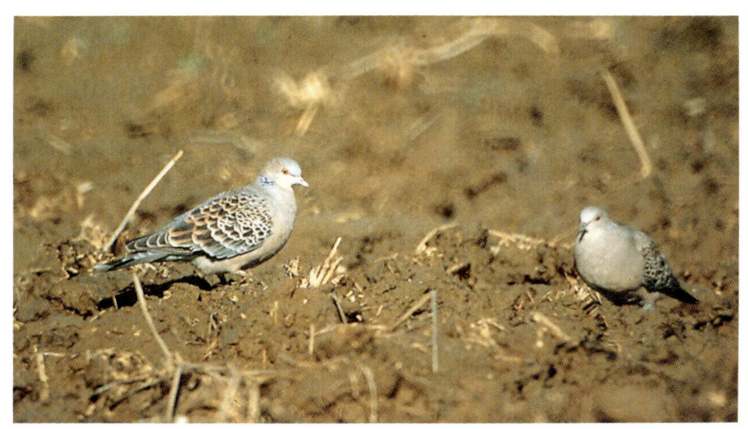

멧비둘기　（영명） Rufous Turtle Dove
（학명） *Streptopelia orientalis orientalis* （LATHAM）
비둘기과에 속하는 중형의 종으로 우리나라의 전역에서 흔히 번식하는 텃새이다.
지방에서는 일명 '산비둘기'라고도 불린다.
몸 길이는 약 33센티미터이며 암수의 깃털은 동일하다. 머리는 진한 회색이며 목,
가슴, 배는 분홍색과 갈색을 띠고 있다. 등, 꽁지는 먹물빛을 띠는 검은색으로 각
깃의 끝은 붉게 녹슨 색을 띠고 있다. 검은색 부리는 짧고 약하며 다리는 붉은색이다.
주로 시골의 마을이나 농경지 부근, 도시 공원에서 산다. 둥우리는 활엽수나 침엽수
림의 높은 가지 위에 접시형으로 엉성하게 짓고, 2개의 흰색 알을 낳는다. 먹이로는
낟알, 식물의 씨나 열매, 벼 등을 즐겨 먹는다. 꿩 다음으로 사냥꾼의 표적이 되는
새이다.
우리나라의 전역에서 흔히 볼 수 있다. (왼쪽, 오른쪽)

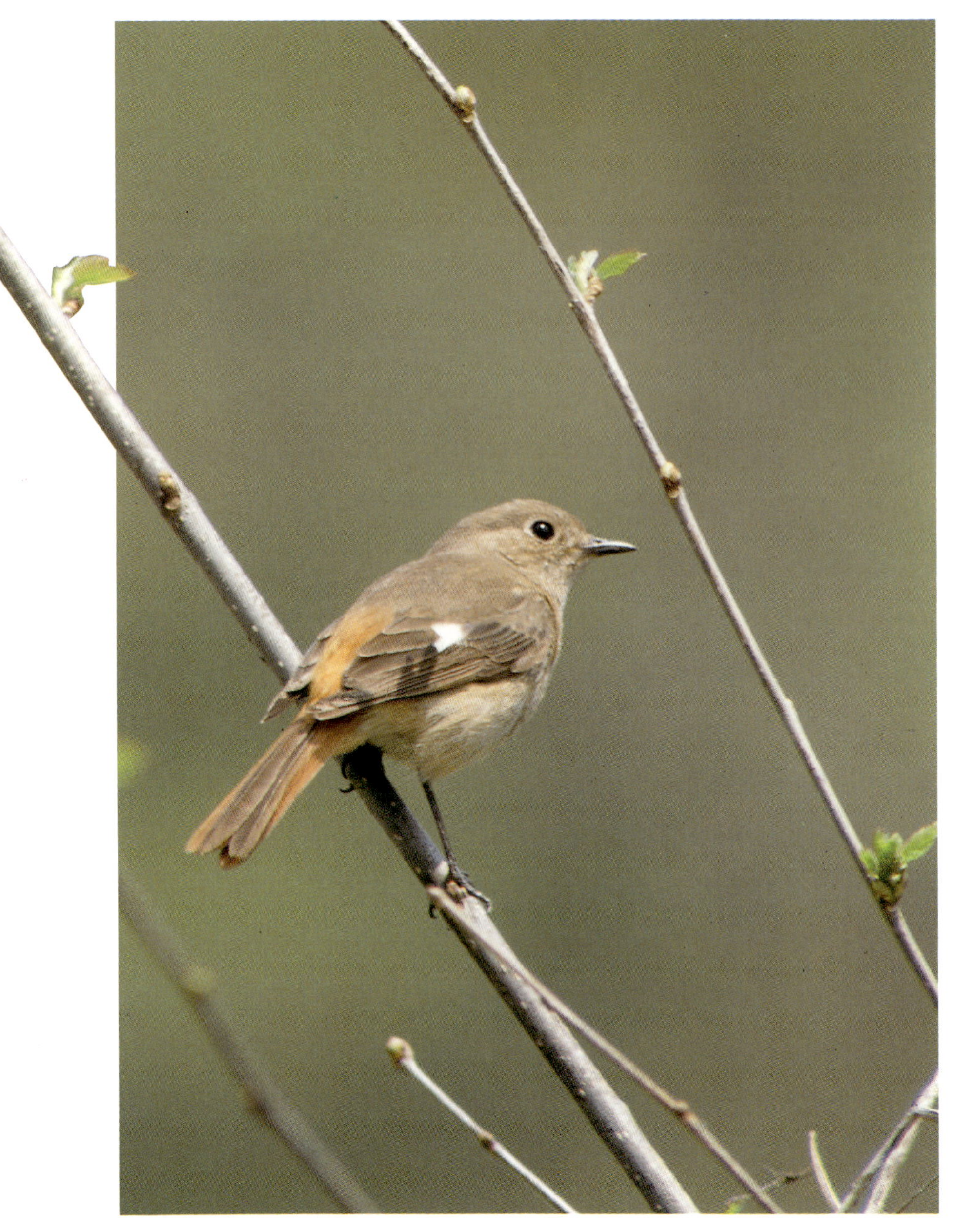

20 인가나 경작지에 사는 텃새

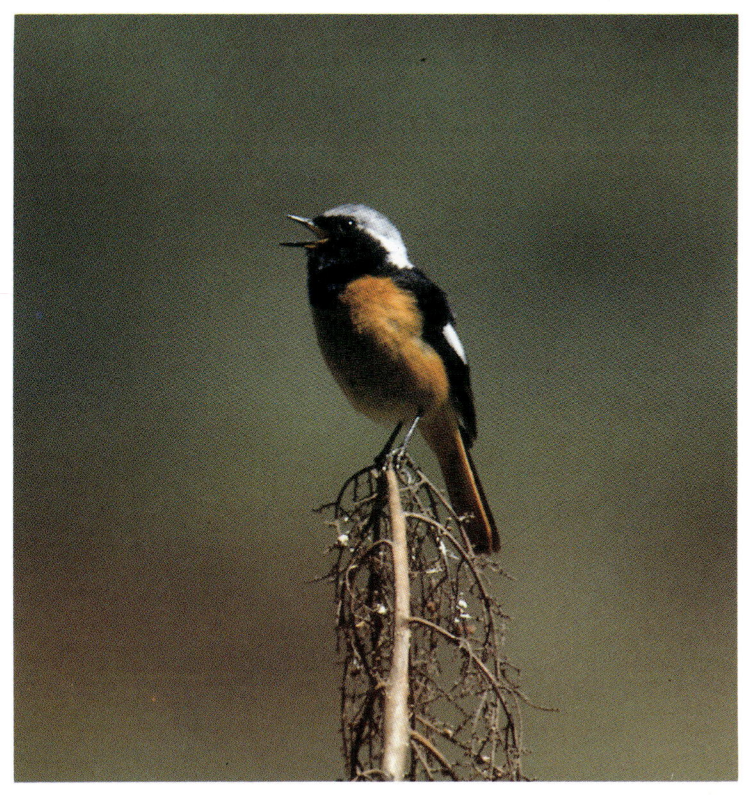

딱새　(영명) Daurian Redstart　(학명) *Phoenicurus auroreus auroreus*　(PALLAS)

딱새과에 속하는 종으로 우리나라의 주변에서 흔히 볼 수 있는 텃새이다. 지방에 따라서는 '무당새'라고도 불린다.

몸 길이는 약 14센티미터이며 암수의 깃털은 다르다. 수컷은 겨울에는 깃이 이마에서 윗등까지 흐린 회색이며 아랫등과 턱밑은 검은색이다. 암컷의 등은 녹색을 띠는 진한 갈색이며 턱밑은 노랑색이다. 부리는 검은색이며 다리는 갈색이다.

주로 인가와 떨어진 절 주변이나 1,000미터 정도의 높은 산에서 산다. 둥우리는 쓰러진 나무 밑, 돌담이나 바위틈에다 짓고 5 내지 7개의 알을 낳는다. 먹이로는 각종 열매, 곤충류 등을 섞어 먹는다. 꽁지를 위아래로 흔드는 것이 이 새의 특징이다.

우리나라의 전역에서 흔히 볼 수 있다. (왼쪽, 오른쪽)

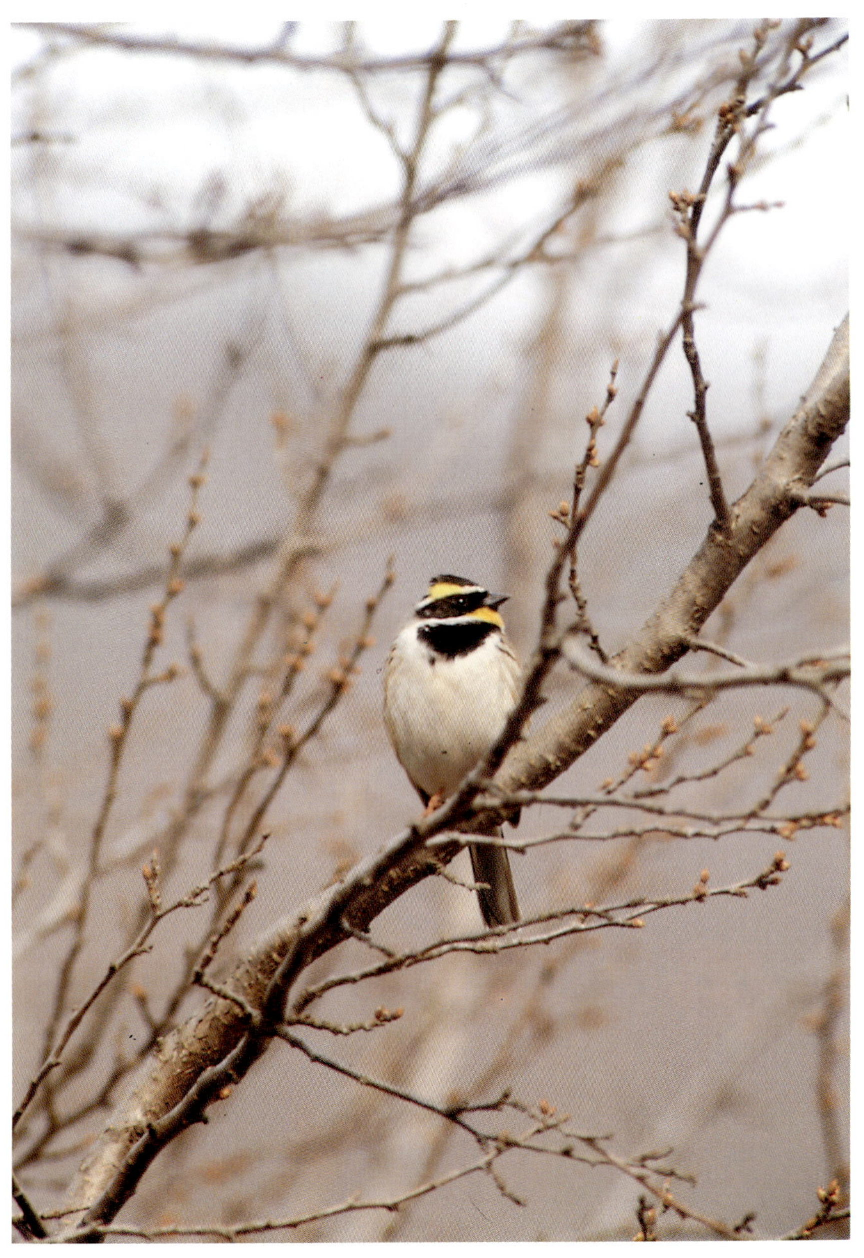

22 인가나 경작지에 사는 텃새

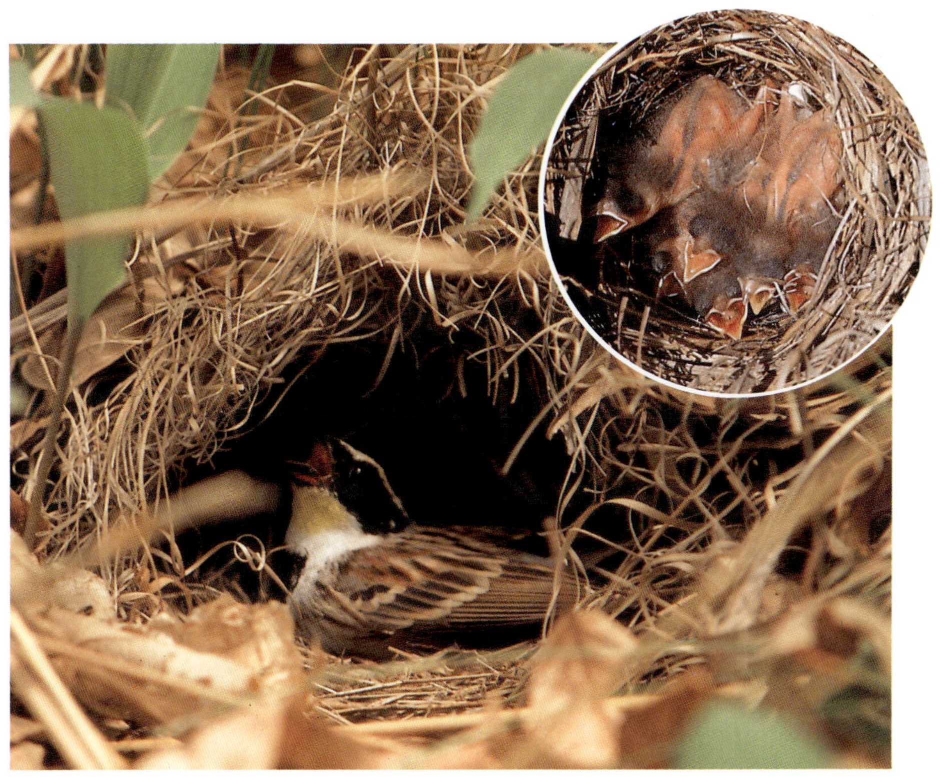

노랑턱멧새 （영명） Yellow-throated Bunting
（학명） *Emberiza elegans elegans* TEMMINCK

멧새과에 속하는 종으로 우리나라의 중부 지역에서 번식하는 흔한 텃새이다.
몸 길이는 약 15.5센티미터이며 암수의 깃털은 약간 다르다. 겨울에 수컷의 머리는
노랑색이며 머리 꼭대기에 검은색의 관이 있다. 등에서 꽁지까지는 갈색으로 검은
점이 있으며 턱밑은 노랑색이고, 가슴은 검은색, 배는 흰색, 각 깃의 끝은 황갈색이
다. 부리는 흑갈색이고 다리는 흐린 갈색이다. 암컷의 머리는 적갈색이며 관이 없고
턱밑과 가슴이 황갈색인 것이 수컷과 다르다.
주로 야산, 평지 근처의 논과 밭에서 산다. 둥우리는 숲속의 나뭇가지 위나 땅바닥에
짓고, 5 내지 6개의 알을 낳는다. 겨울철의 먹이는 식물의 종자이고, 여름철에는 곤충
류를 먹는다.
우리나라의 도서 지방을 제외한 내륙 지방 어디에서나 볼 수 있다. (왼쪽, 오른쪽)

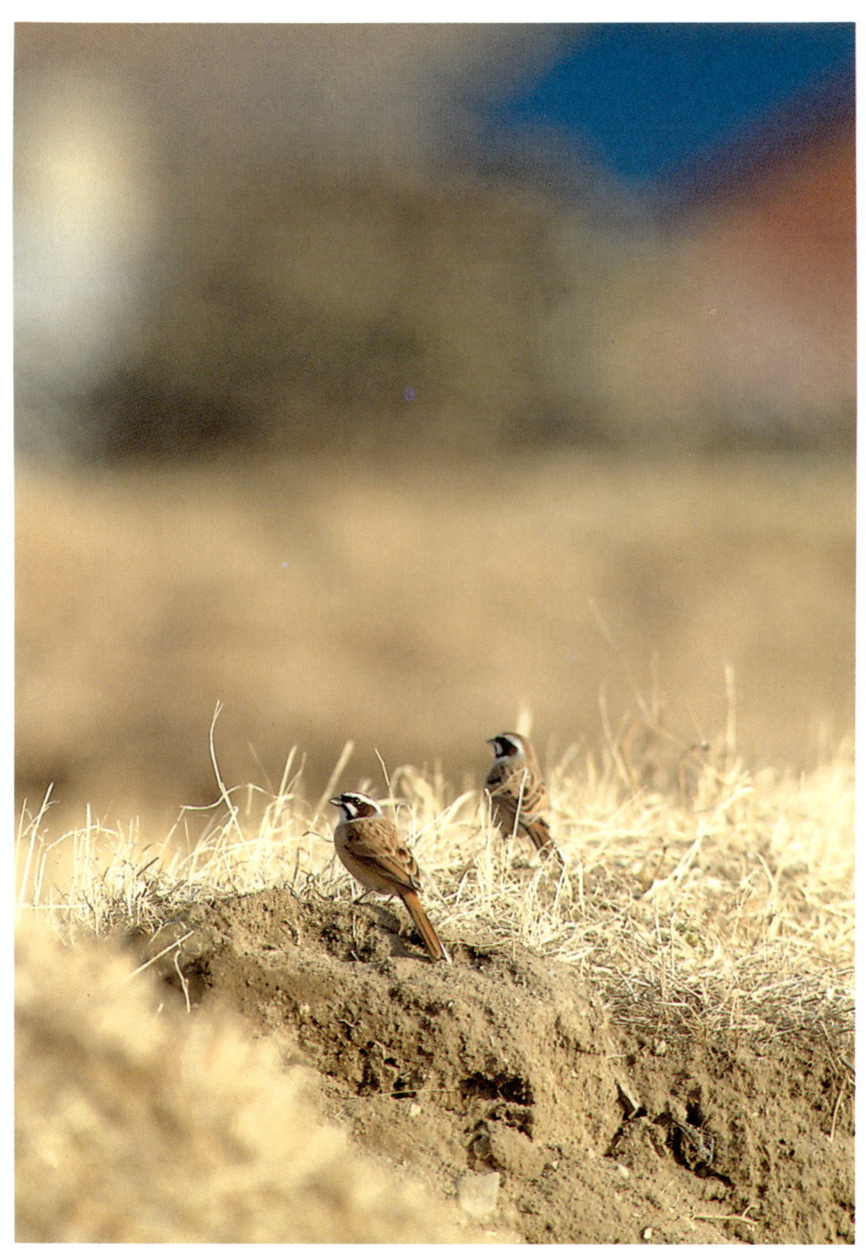

24 인가나 경작지에 사는 텃새

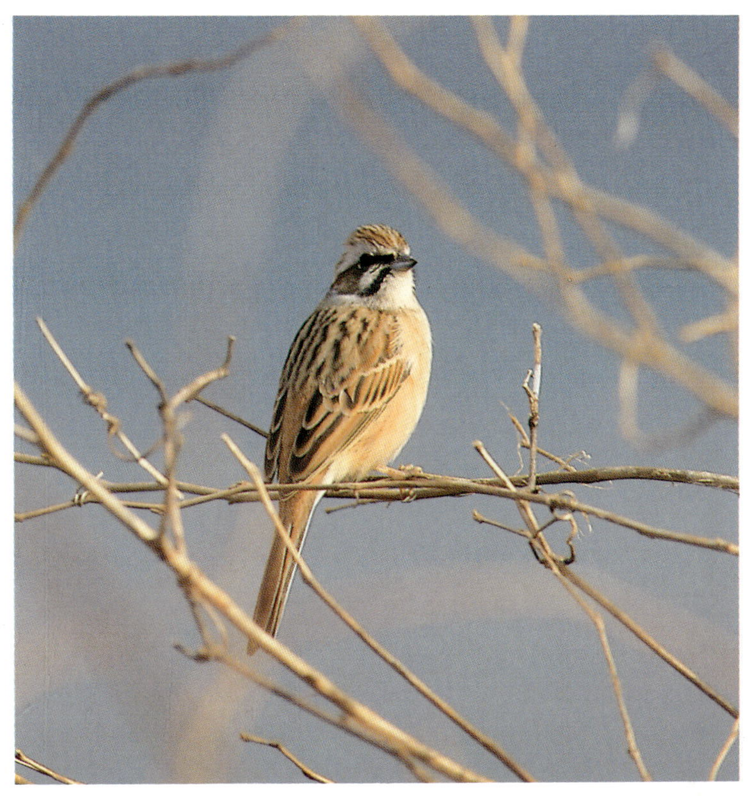

멧새 （영명） Siberian Meadow Bunting　（학명） *Emberiza cioides castaneiceps*　MOORE
멧새과에 속하는 종으로 우리나라 전역에서 번식하는 흔한 텃새이다.
몸 길이는 약 16.5센티미터이며 암수의 깃털은 거의 동일하다. 머리 꼭대기와 뒷목은
흑갈색이며 뺨에는 흰 줄과 검은 줄이 있다. 등은 밤색으로 검은색의 넓은 반점이
있고, 턱밑과 배는 때묻은 흰색이며 가슴은 진한 갈색이다. 짧은 부리는 검은색이며
다리는 흐린 갈색이다. 붉은뺨멧새와 비슷하게 생겼으나 멧새의 뺨에는 흰 줄과 검은
줄이 있다는 것이 차이점이다.
주로 깊은 산속보다는 야산, 논과 밭 근처의 풀밭, 덤불, 특히 공동 묘지에서 산다.
둥우리는 나뭇가지 사이에다 짓고 4 내지 6개의 알을 낳는다. 먹이로는 곤충류, 식물
의 씨앗, 열매 등을 주로 먹는다.
우리나라의 야산에서 흔히 볼 수 있다. (왼쪽, 오른쪽)

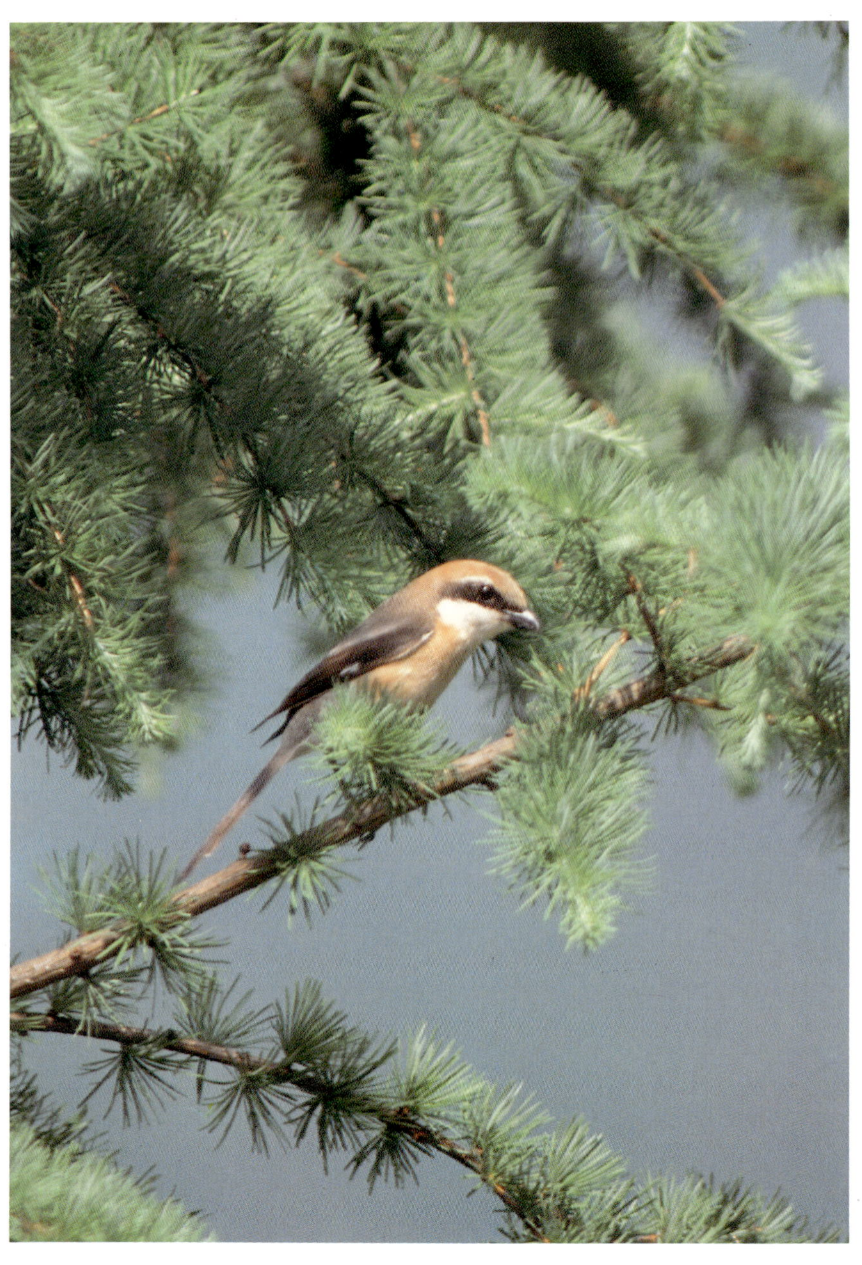

26 인가나 경작지에 사는 텃새

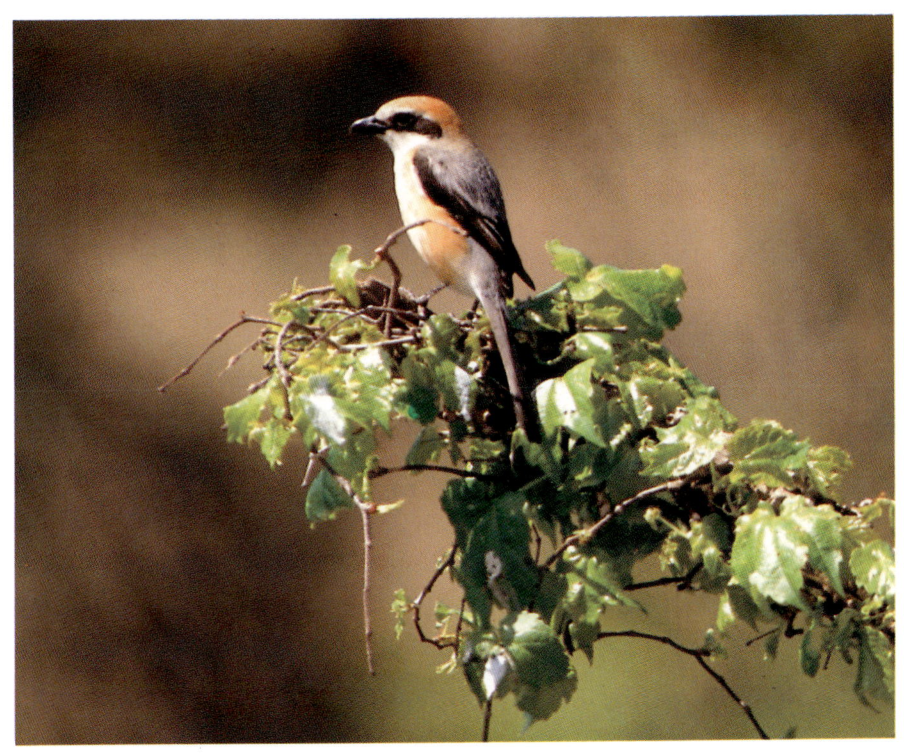

때까치　（영명）Bull-headed shrike

（학명）*Lanius bucephalus bucephalus*　TEMMINCK & SCHLEGEL

때까치과에 속하는 가장 흔한 종으로 우리나라의 전역에서 번식하는 텃새이다.
몸 길이는 약 20센티미터이며 암수의 깃털은 약간 다르다. 수컷의 머리 꼭대기에서
뒷목까지는 흐린 흑갈색이며, 부리와 눈 사이에는 검은 띠가 있다. 가슴, 배, 옆구리는
붉은색이며 등은 회색과 검은색으로 되어 있다. 날개에는 흰 줄이 있고 부리와 다리
는 검은색이다. 암컷의 가슴, 배, 옆구리는 검은색의 파도 무늬가 있으며, 등은 흑갈색
바탕에 세로의 갈색 줄이 있는 것이 수컷과 다르다.
주로 평지의 관목림에서 산다. 둥우리는 높은 소나무나 낮은 관목림의 가지 사이에다
밥그릇 모양으로 짓고, 4 내지 6개의 알을 낳는다. 먹이로는 곤충류, 개구리를 즐겨
먹는다. 이 종도 몸의 중심을 잡기 위해 꼬리를 가지고 원을 그리는 것이 특징이다.
북부 지방에서 번식한 무리가 남하하는 겨울철에 흔히 볼 수 있다. (왼쪽, 오른쪽)

종다리　（영명） Skylark　（학명） *Alauda arvensis*　LINNAEUS

종다리과에 속하는 종으로 우리나라의 전역에서 번식하는 흔한 텃새이며, 일부는
중부 이남 지역에서 월동을 하기도 한다.

몸 길이는 약 17센티미터이며 여름과 겨울의 깃이 약간 다르다. 겨울에는 깃의 머리
부터 등까지 잿빛 황갈색에 넓은 흑갈색의 세로 얼룩무늬가 있다. 가슴과 배는 황갈
색을 띤 흰색으로 가슴에 진한 갈색의 세로 얼룩무늬가 있다. 여름깃은 깃 가장자리의
마모에 의해 윗면의 갈색기가 없어지고, 아랫면의 갈색 세로 얼룩무늬가 작아진다.
부리는 진한 갈색이고, 다리는 갈색이다.

강가의 풀밭, 보리밭, 밀밭 등지에서 산다. 둥우리는 풀숲에다 밥그릇 모양으로 짓
고, 3 내지 6개의 알을 낳는다. 먹이로는 잡초의 종자와 곤충류를 즐겨 먹는다.
우리나라 전역에서 흔히 볼 수 있다.

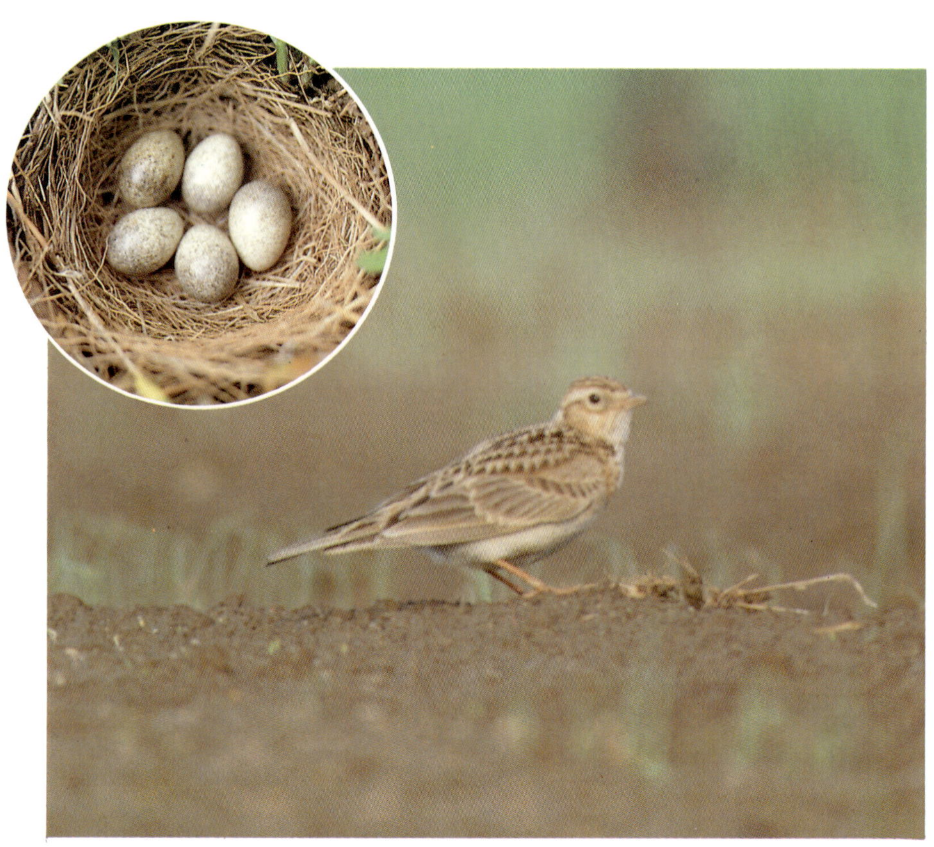

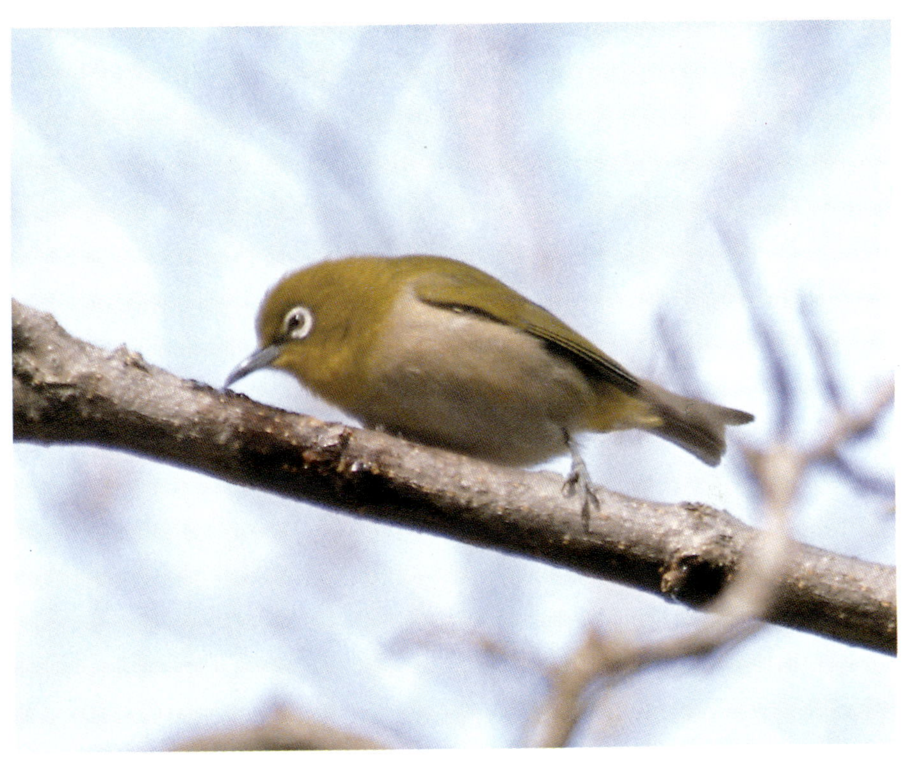

동박새 （영명） Japanese White-eye
（학명） *Zosterops japonica japonica*　TEMMINCK & SCHLEGEL
동박새과에 속하는 종으로 우리나라의 중부 이남 도서 지방의 상록수림에서 번식하는 텃새이다.
몸 길이는 약 11.5센티미터이며 암수의 깃털은 거의 동일하다. 머리부터 등까지는 고르게 황색을 띤 녹색이다. 가슴과 옆구리는 흐린 황갈색빛 포도색이며 배는 때묻은 흰색이다. 눈까풀에는 흰색의 가느다란 깃털이 밀생되어 둥근 고리 모양을 형성한다. 가늘고 등이 다소 구부러진 부리는 갈색이며, 다리는 푸른색을 띤 잿빛이다.
주로 나무 위에서 생활한다. 둥우리는 작은 나뭇가지 사이에 짓고 4 내지 5개의 알을 낳는다. 먹이로는 동물성(곤충류, 연체 동물의 복족류) 등을 주로 먹지만, 식물성의 동백꽃이나 매화꽃의 꿀을 특히 좋아한다.
우리나라의 남해안을 비롯하여 동해안의 울릉도 등 상록수림이 있는 곳에서 흔히 볼 수 있다.

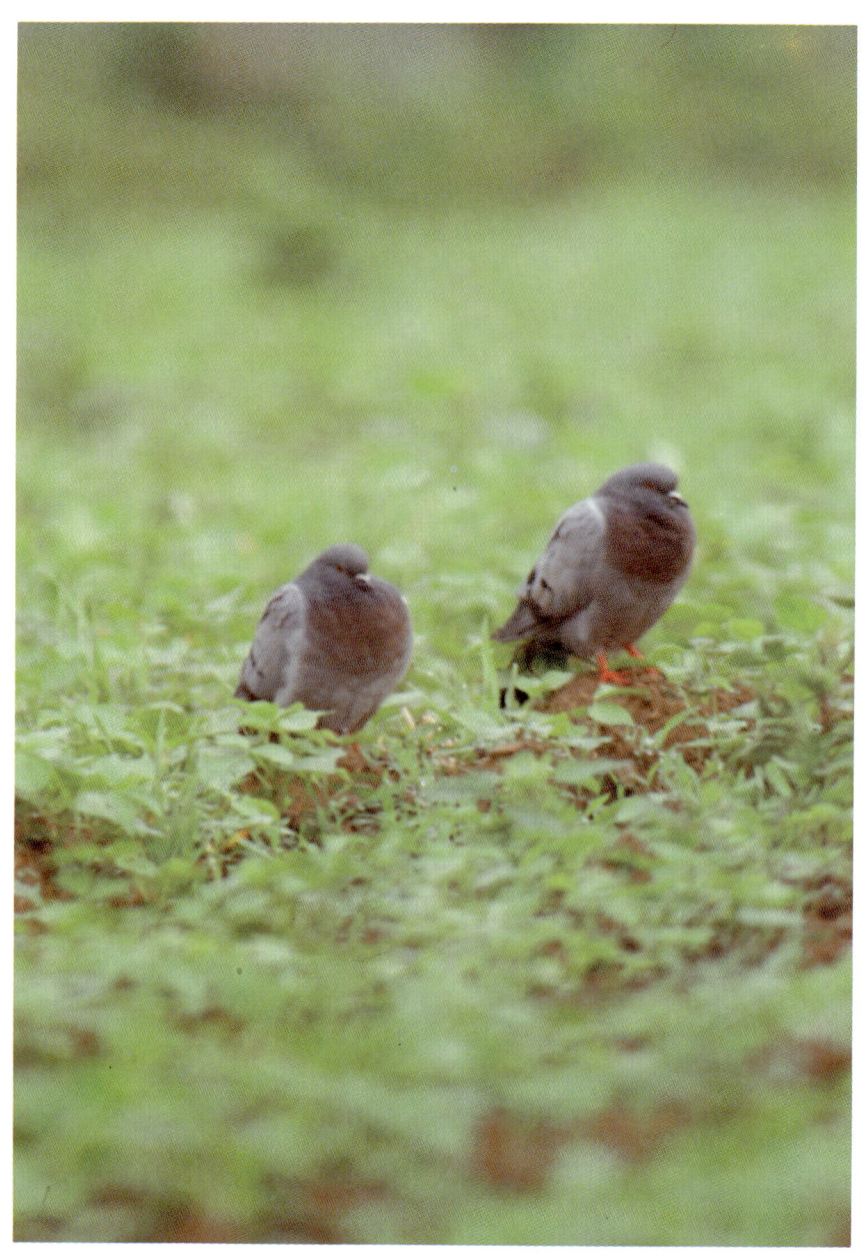

30 인가나 경작지에 사는 텃새

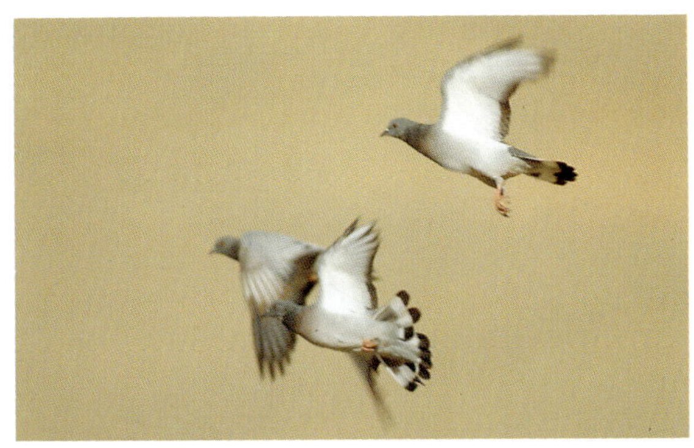

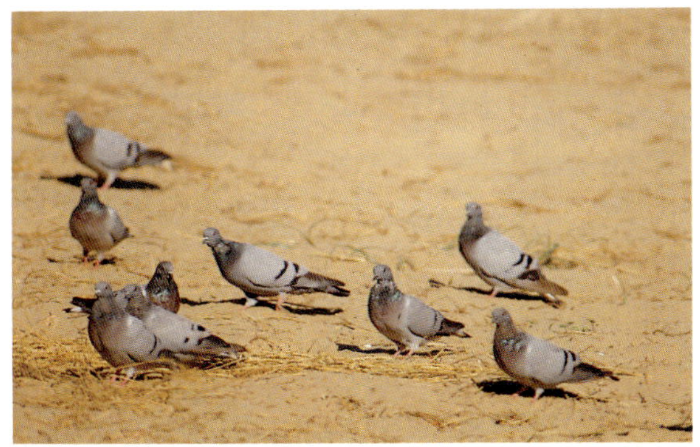

양비둘기　(영명) Rock Dove　(학명) *Columba rupestris rupestris*　PALLAS

비둘기과에 속하는 종으로 우리나라의 전역에서 번식하는 텃새이다. 일명 '낭비둘기' 또는 '굴비둘기'라고도 불린다.

몸 길이는 약 32센티미터이며 암수의 깃털은 동일하다. 머리, 얼굴, 뺨, 턱밑은 진한 회색이며 가슴은 붉은빛이 도는 회색이고 배는 회색이다. 뒷목은 광택있는 녹색이고 등은 회색과 검은색이다. 부리는 검은색이며 다리는 붉은색이다.

주로 산간 계류, 강과 호수의 주위, 바위의 벼랑에서 보통 10 내지 20마리가 무리를 지어 산다. 번식은 집비둘기처럼 건물에서 하며, 겨울에는 농경지에서 낟알을 주워 먹는다.

우리나라에서는 남해안의 인가 근처의 밭, 자유의 다리, 한강 다리 등에서 적은 수를 볼 수 있다. (왼쪽, 오른쪽 위, 아래)

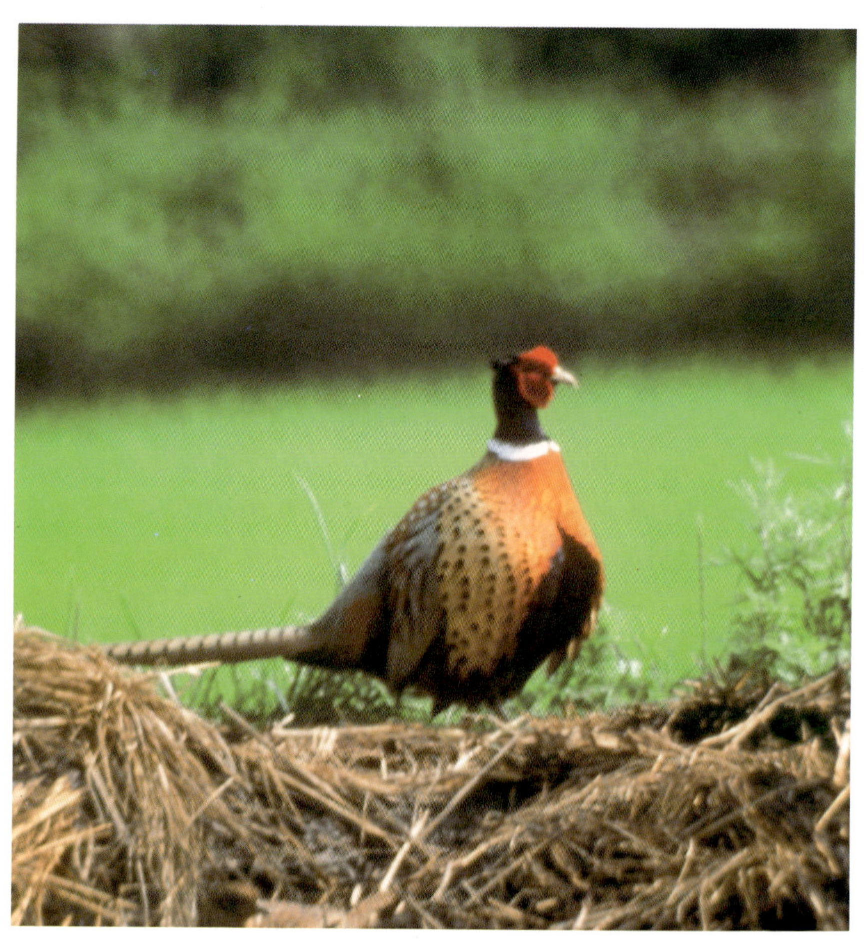

32 인가나 경작지에 사는 텃새

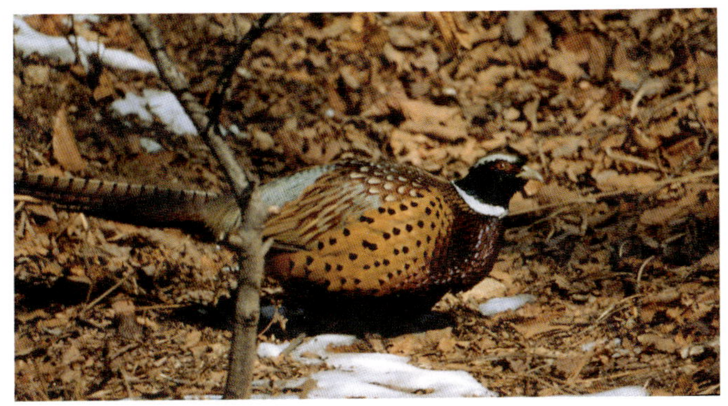

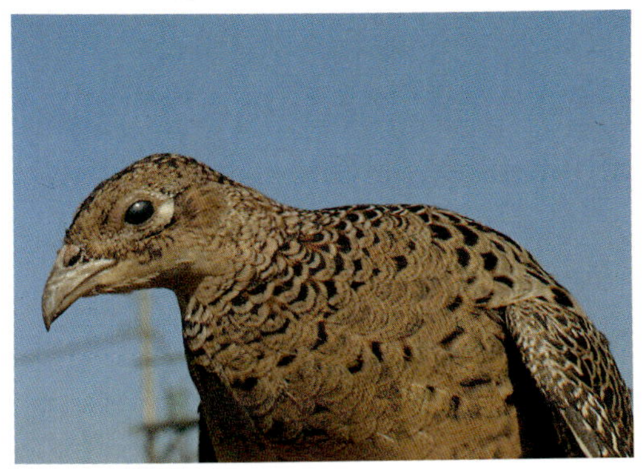

꿩　(영명) Ring-necked Pheasant　(학명) *Phasianus colchicus karpowi*　BUTURLIN

꿩과에 속하는 종으로 우리나라의 전역에서 번식하는 흔한 텃새이다.

몸 길이는 수컷이 약 80센티미터, 암컷이 약 60센티미터이며 암수의 깃털이 서로 다르다. 수컷의 머리 꼭대기와 뒷머리는 어두운 구릿빛 녹색이며, 턱밑은 검은색이다. 목에는 흰 띠가 있고 눈 주위에는 붉은색을 띠고 있다. 가슴은 붉은색이며 배 중앙은 흑갈색이고, 옆구리는 오렌지빛 황색이다. 암컷은 목에 흰 띠가 없으며 전체적으로 검은색과 갈색을 띠고 있다. 부리는 흐린 황갈색이며 다리는 갈색이다. 꿩은 아름다운 색깔과 번식력이 강한 것이 특징이다.

도시의 공원, 농어촌, 야산, 산림에서 주로 살며 6 내지 10(또는 12 내지 18)개의 알을 낳는다. 먹이로는 식물성이 주가 되나 곤충류인 메뚜기와 개미 등도 먹는다.

우리나라의 외딴 도서를 제외하고는 전국의 경작지 부근에서 쉽게 볼 수 있다.

말똥가리　　（영명）Common Buzzard

（학명）*Buteo buteo japonicus*　（TEMMINCK & SCHLEGEL）

수리과에 속하는 중형의 종으로 우리나라의 겨울 철새이나 일부 지방(울릉도)에서는 적은 수가 번식을 한다.

몸 길이는 약 54센티미터이며 몸 전체의 깃은 진한 흑갈색이다. 머리는 갈색으로 각 깃의 끝이 노랑색이며, 등과 허리는 앞의 색보다 약간 진하다. 가슴과 배는 황갈색을 띠며 부리는 검은색이고 다리는 황색이다. 이 종은 성숙 정도에 따라 깃의 색이 진하게 되는 것이 특징이다. 몸의 생김새가 다른 종에 비해 둔하기 때문에 사냥꾼에게 제일 많이 희생되는 새이다.

주로 내륙 지방의 평지에서 산다. 둥우리는 큰 나무의 굵은 가지에 틀며 2 내지 3개의 알을 낳는다. 먹이로는 조류, 곤충류, 설치류(쥐) 등을 즐겨 먹는다.

우리나라에서는 겨울철에 전국 어디에서나 흔히 볼 수 있다.

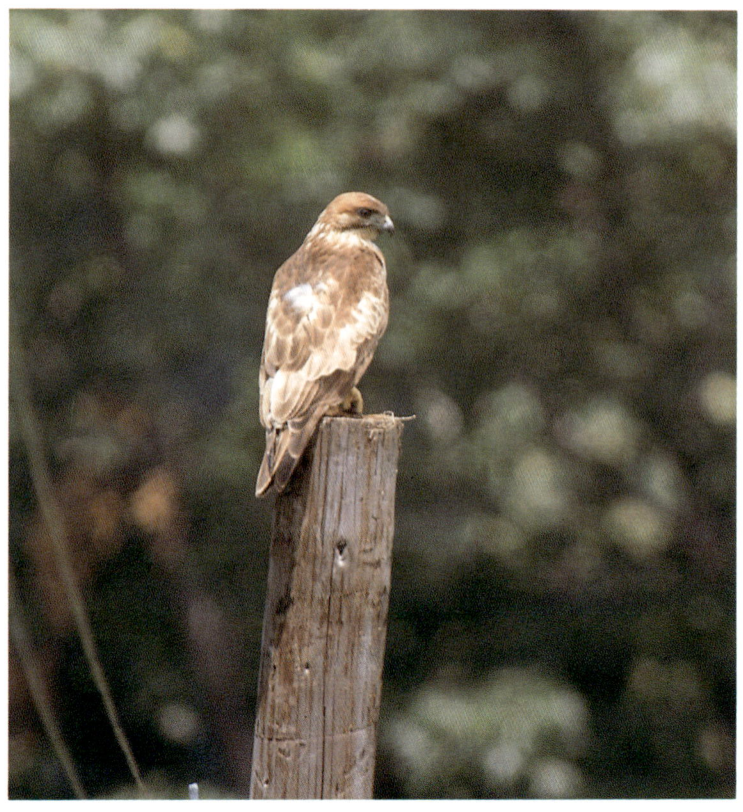

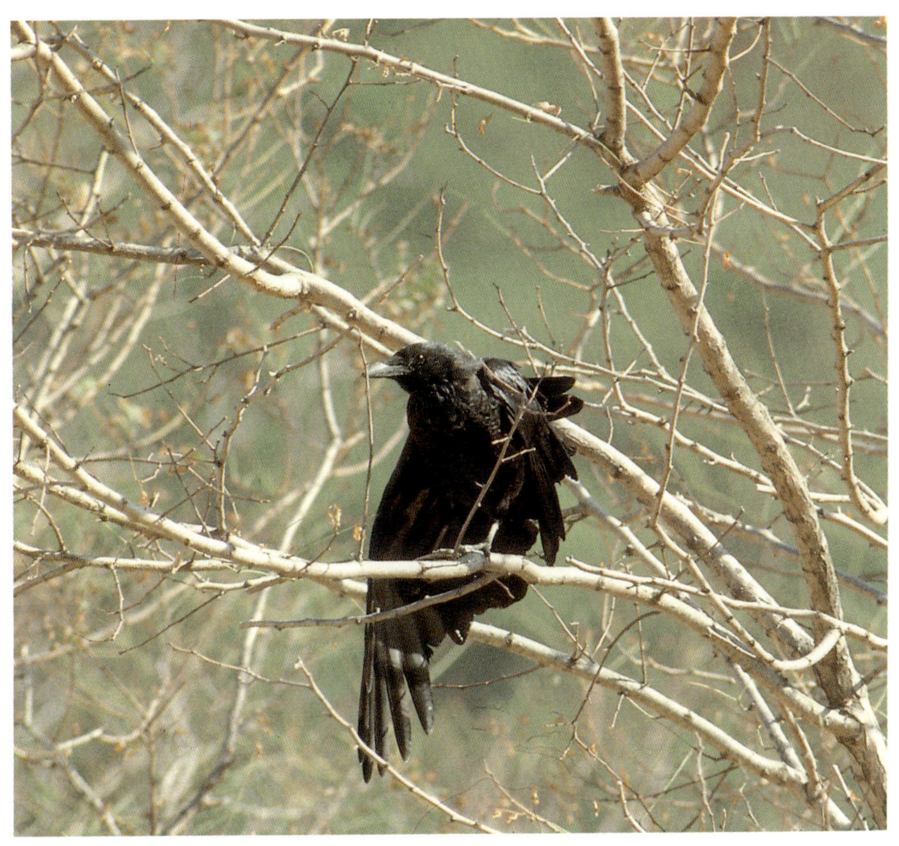

까마귀　（영명） Carrion Crow　（학명） *Corvus corone orientalis*　EVERSMANN
　까마귀과에 속하는 종으로 우리나라의 전역에서 흔히 번식하는 텃새이다.
　몸 길이는 약 50센티미터이며, 암수의 깃털이 동일하고 크기에 있어서는 암컷이 약간
작다. 겨울의 깃은 온몸이 광택있는 검은색이다. 여름의 깃은 광택을 잃어 갈색이
된다.
　평지에서 깊은 산에 이르기까지 도처의 침엽수림에서 살며, 겨울에는 집단 생활을
한다. 둥우리는 침엽수의 높은 나무 위에 짓고, 3 내지 5개의 알을 낳는다. 먹이로는
조류의 알과 새끼, 농작물, 곡류, 과실, 곤충류 등을 즐겨 먹는다.
　우리나라의 전역에서 흔히 볼 수 있다.

산림에 사는 텃새

　　도시 근교에서 멀리 떨어진 울창한 산림에 사는 텃새로는 박새류, 어치, 물까치류, 딱다구리류, 올빼미류, 들꿩, 검독수리 등이 있다.

　　이들 텃새들은 50년 이상 된 참나무나 소나무 고목이 많은 곳에 주로 산다. 특히 낮은 산림에는 오목눈이와 붉은머리오목눈이, 직박구리 등이 나뭇가지 사이에 작은 둥우리를 짓고 산다.

　　박새류는 수백 년 된 참나무와 소나무 등의 속이 빈 한 줄기에 구멍을 뚫고 보금자리를 만든다.

　　까막딱다구리와 크낙새의 경우는 수백 년 된 고목나무에서 사는 딱정벌레의 유충을 먹고 사는데 번식은 매년 같은 나무에서 한다.

　　올빼미는 큰 고목에 나 있는 출입구가 큰 구멍에서 번식하며, 검독수리는 깊은 산속 높은 암벽에 보금자리를 만들고 토끼, 노루 등 들짐승을 잡아먹고 산다.

　　물까치와 어치는 산림이 울창한 곳에 있는 큰 나무의 높은 나뭇가지 위에 작은 나뭇가지 또는 풀잎 등을 모아 보금자리를 만든다. 주로 전나무, 참나무, 소나무 등을 많이 이용한다.

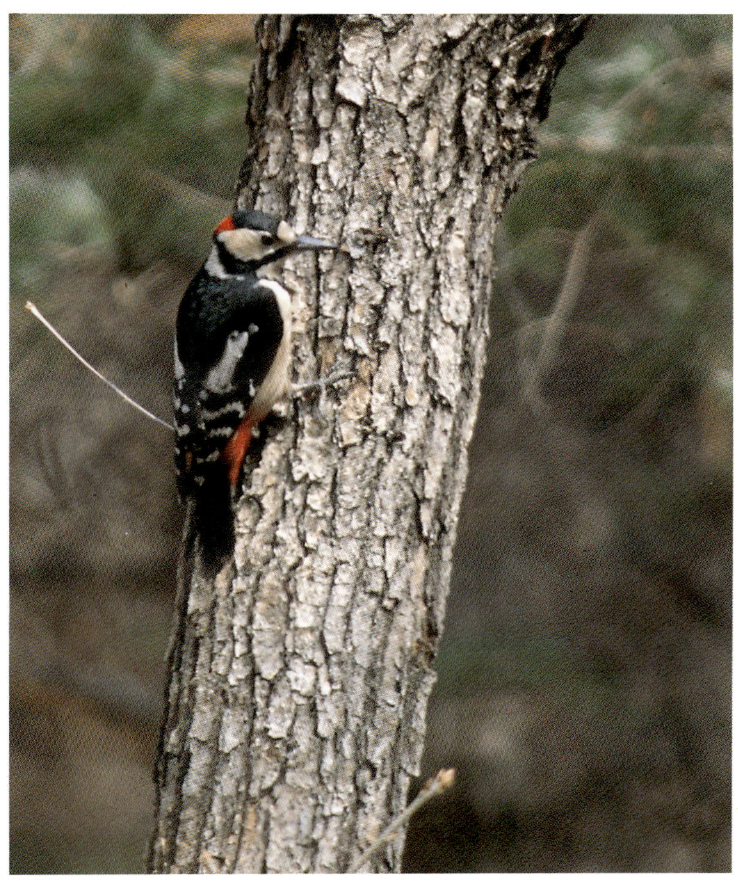

오색딱다구리

그러나 이상의 산림 조류들은 대부분 번식기에는 깊은 산림에서 살다가 초가을부터는 경작지 인가 부근의 낮은 산림이나 개울가의 낮은 산림 등에 나타난다.

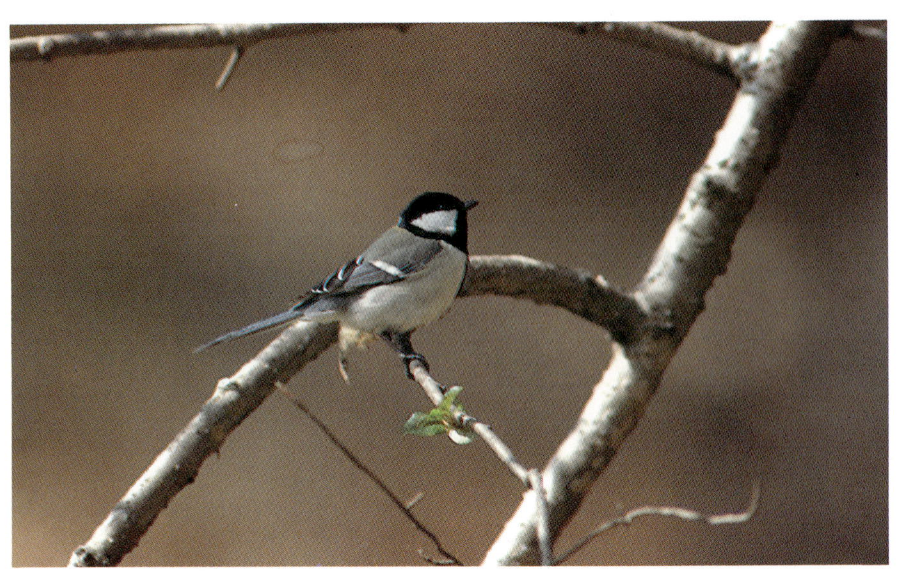

박새 （영명） Great Tit　（학명） *Parus major minor*　TEMMINCK & SCHLEGEL
박새과에 속하는 대표적인 종으로 우리나라의 전역에서 번식하는 흔한 텃새이다.
몸 길이는 약 14.5센티미터이며, 암수의 깃털은 거의 동일하다. 머리는 검은색이며,
뒷목에 약간의 노랑색이 있고 등은 회색이다. 턱밑과 윗가슴은 검은색이고, 가슴과
배의 중앙으로 세로의 검은 선이 있으며 양옆은 때묻은 흰색이다. 단단하고 둥근
부리는 흑갈색이며 다리는 검은색이다. 특히 항문 부분에 검은색이 넓게 있는 것이
수컷이다.
주로 평지의 덤불, 활엽수림과 침엽수림이 울창한 산림에서 산다. 둥우리는 소나무의
자연 구멍 속이나 딱다구리가 파 놓은 구멍을 이용하여 7 내지 8개의 알을 낳는다.
번식이 끝나면 무리 생활을 하며 먹이로는 곤충류, 동물의 기름, 땅콩 등을 먹는다.
우리나라의 전역 어디에서나 볼 수 있다. (왼쪽, 오른쪽)

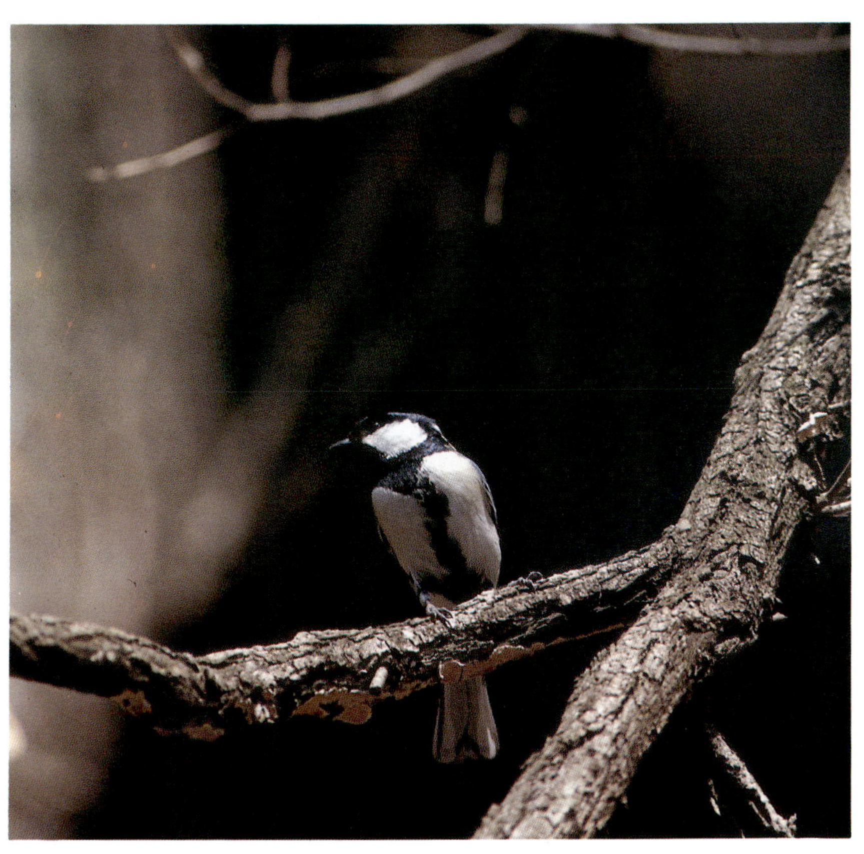

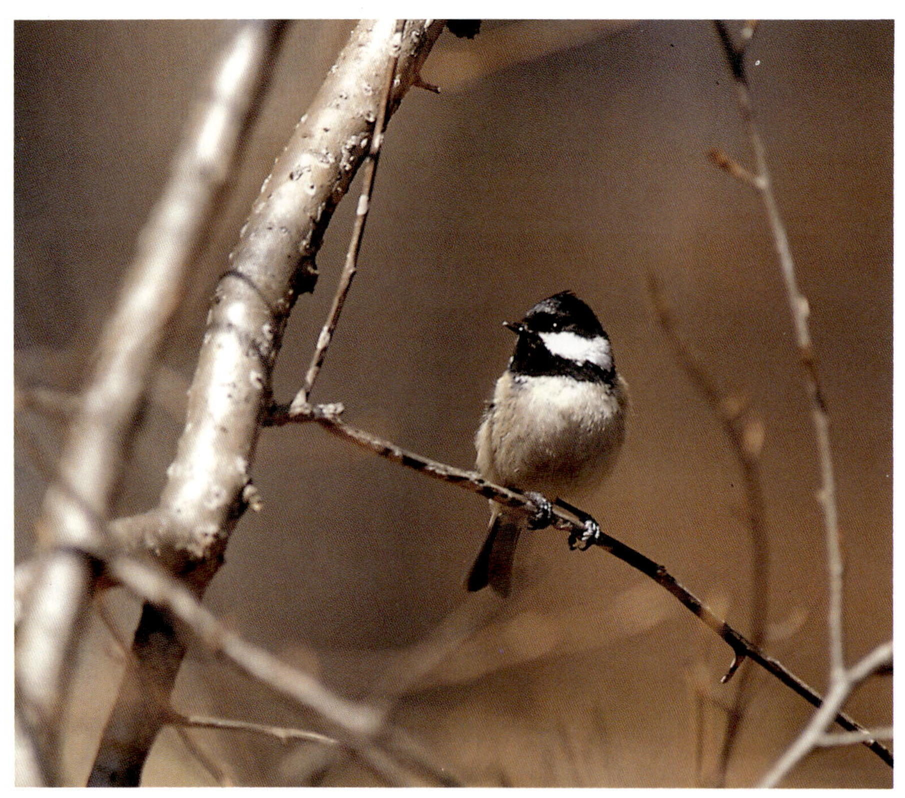

진박새 (영명) Coal Tit (학명) *Parus ater amurensis* (BUTURLIN)
　박새과에 속하는 종으로 우리나라의 전역에서 번식하는 흔한 텃새이다.
　몸 길이는 약 11센티미터이며 암수의 깃털은 거의 동일하다. 이마에서 뒷목까지는
푸른빛이 강한 검은색이고 뒷목의 중앙은 흰색이다. 등은 잿빛 청색이며, 가슴 이하
의 아랫면은 전부 흰색이지만 배는 때묻은 회색이다. 가늘고 긴 부리는 검은색이며
다리는 청회색이다.
　주로 평지보다는 고준 지대에 산다. 둥우리는 나무의 자연 구멍 속이나 딱다구리의
옛 둥우리를 이용하여 5 내지 8개의 알을 낳는다. 먹이로는 곤충류가 주식이며 거미
류, 식물의 열매도 즐겨 먹는다.
　우리나라 도서 지방을 제외하고 산림이 울창한 곳 어디에서나 볼 수 있다.

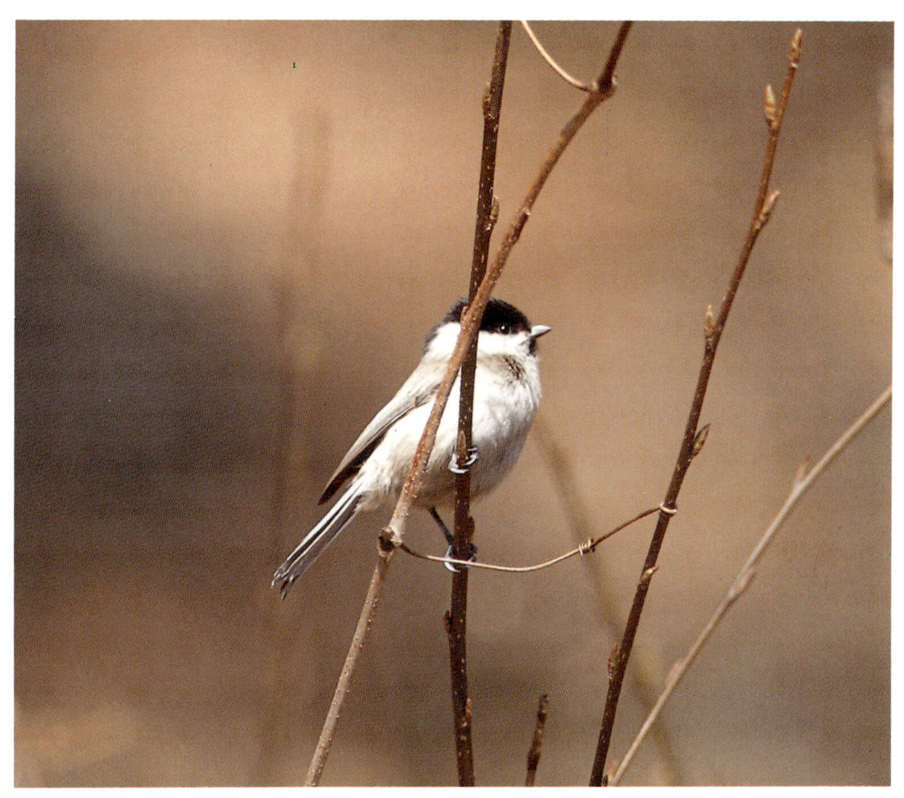

쇠박새 （영명）Marsh Tit （학명）*Parus palustris hellmayri* （BIANCHI）
박새과에 속하는 종으로 우리나라의 전역에서 번식하는 텃새이다.
몸 길이는 약 13센티미터이며 암수의 깃털은 동일하고, 크기에 있어서는 암컷이 다소
작다. 이마에서 뒷머리까지는 광택있는 검은색이며, 등과 허리는 흐린 회색이다. 가슴
과 배는 때묻은 흰색으로 아랫배와 옆배는 흐린 황갈색이다. 부리는 검은색이고 다리
는 회색이다.
우거진 숲속이나 평지, 도시의 인가 부근에서 진박새나 동고비와 함께 무리 생활을
한다. 둥우리는 소나무의 자연 구멍 속이나 딱다구리의 구멍 등을 이용하여 7 내지
8개의 알을 낳는다. 먹이로는 곤충류를 즐겨 먹고, 장미과의 열매도 먹는다.
우리나라의 외딴 도서를 제외한 전역에서 흔히 볼 수 있다.

곤줄박이　(영명) Varied Tit
(학명) *Parus varius varius*　TEMMINCK & SCHLEGEL
박새과에 속하는 종으로 우리나라의 전역에서 번식하는 흔한 텃새이다.
몸 길이는 약 14센티미터이며 암수의 깃털은 동일하다. 이마와 뺨은 때묻은 흰색이
고, 머리 꼭대기에서 뒷목까지는 검은색의 띠가 있다. 윗등에는 반달 모양으로 붉은
색의 점이 있고 아랫등은 푸르스름한 진한 회색이다. 가슴과 배의 가운데는 노랑색을
띠며 양옆은 붉은색이다. 짧은 부리와 단단한 다리는 검은색이다.
주로 침엽수와 활엽수가 울창한 산림에서 박새 무리와 함께 산다. 둥우리는 고목이나
오래 된 집의 처마 밑 구멍에다 짓고, 5 내지 8개의 알을 낳는다. 먹이로는 해충, 딱딱
한 작은 열매를 주로 먹고 겨울에는 쇠기름, 돼지기름도 먹는다.
우리나라의 산림이 울창한 지역에서 흔히 볼 수 있다.

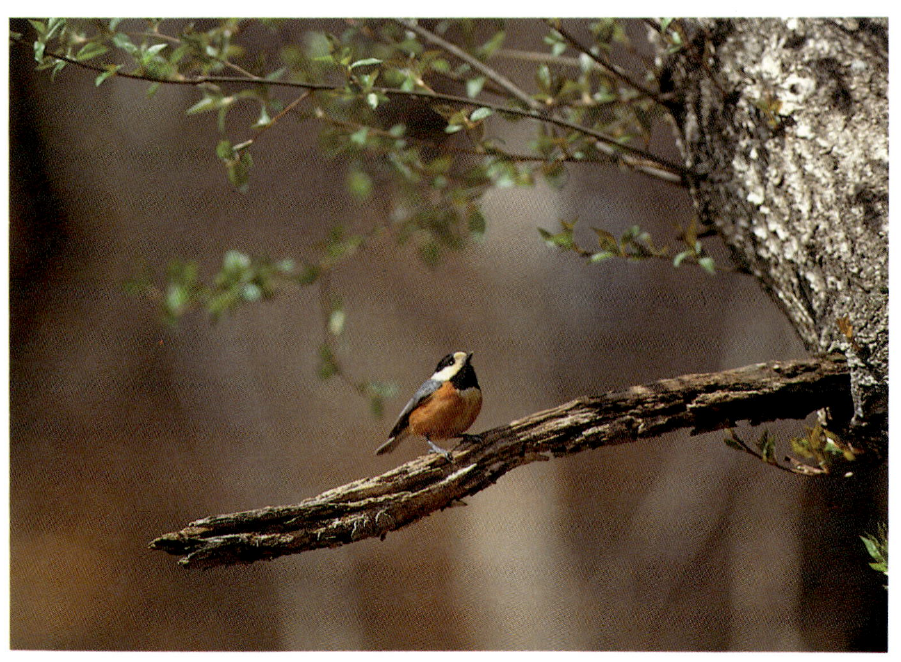

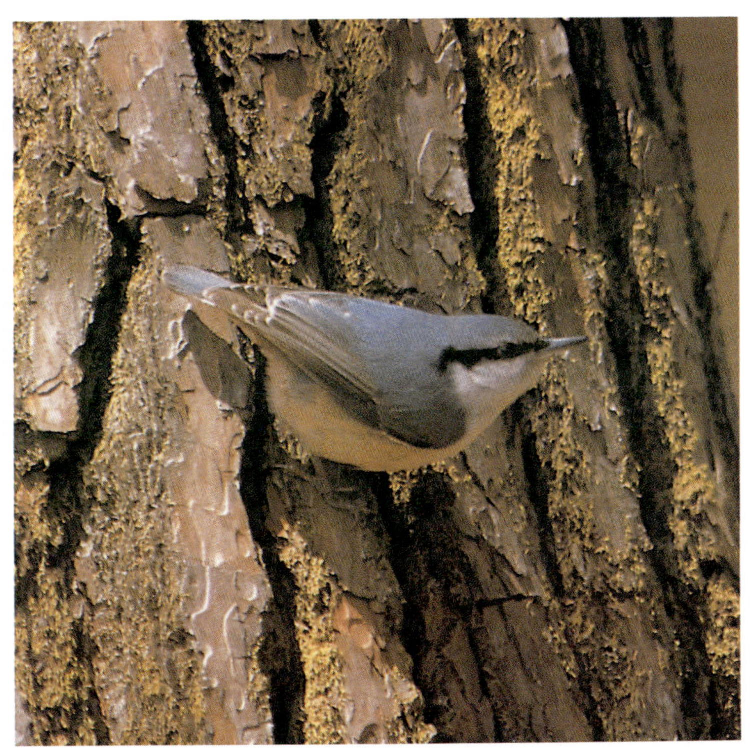

동고비 （영명）Nuthatch （학명）*Sitta europaea amurensis* SWINHOE

동고비과에 속하는 종으로 우리나라의 전역에서 번식하는 흔한 텃새이다.

몸 길이는 약 13.5센티미터이고 몸체는 짧고 둥글며, 암수의 깃털은 거의 동일하다. 머리 꼭대기부터 꽁지까지는 회색을 띠며 눈 주위에는 직선의 검은 선이 있다. 턱 밑, 가슴은 흰색이며 배는 적황색이다. 몸에 비해 긴 부리는 검은색이며, 억센 다리는 살색빛의 회색이다. 대체로 몸 전체의 깃이 회색이다.

주로 침엽수와 활엽수가 울창한 숲속에서 박새 무리와 함께 생활한다. 고목의 자연 구멍을 이용하여 7개 정도의 알을 낳고, 둥우리의 입구는 어미가 출입할 수 있을 정도만 남겨 놓고 진흙으로 막는다. 먹이로는 곤충류, 식물의 종자와 열매 등을 먹는 다. 이 종은 땅 위에 거의 내려오지 않고, 나무 줄기에 매달려서 생활하는 것이 특징 이다.

우리나라의 산림이 울창한 지역에서 흔히 볼 수 있다.

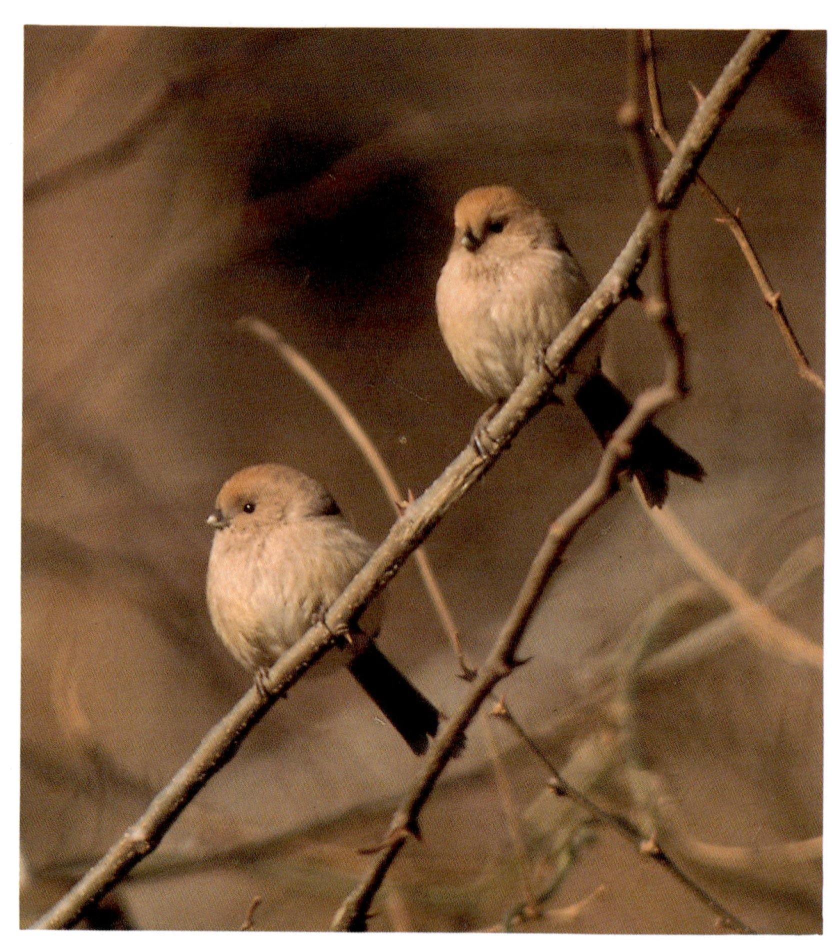

44 산림에 사는 텃새

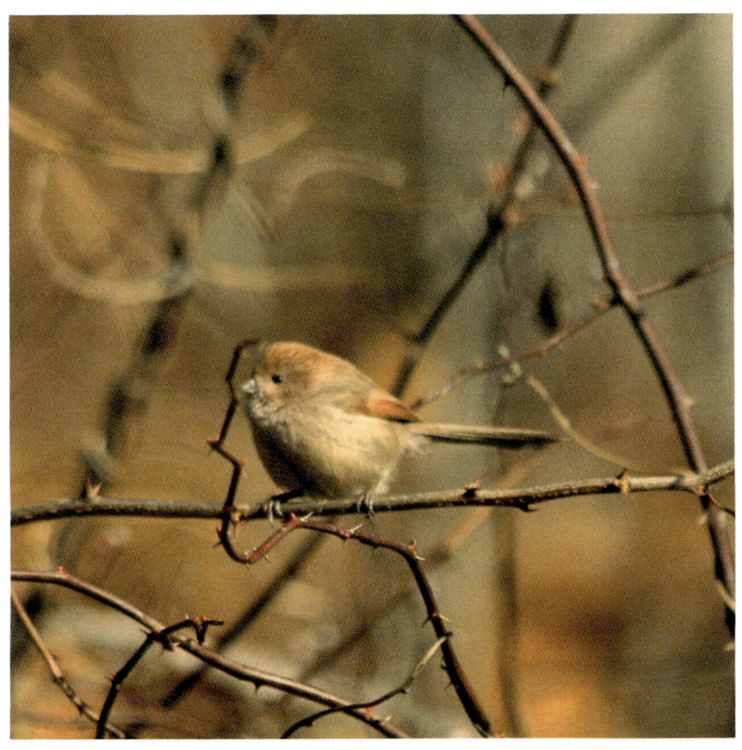

붉은머리오목눈이   (영명) Vinous-throated Parrotbill

(학명) *Paradoxomis webbiana fulvicauda* GAMPBFLL

딱새과에 속하는 소형의 종으로 우리나라의 전역에서 흔히 번식하는 텃새이다. 일명 '뱁새'라고도 불린다.

몸 길이는 약 13센티미터이며 암수의 깃털은 거의 동일하다. 이마와 머리 꼭대기는 황색을 띤 갈색이며, 배와 옆구리는 때묻은 흰색이며 그 밖에는 흐린 밤색이다. 짧고 단단한 부리는 어두운 갈색이며 다리는 회색과 갈색이다.

주로 인가 근처의 덤불, 물가의 갈대밭, 들판의 논과 밭에서 20 내지 50마리가 무리를 지어 생활한다. 둥우리는 덤불의 낮은 나뭇가지 사이에다 밥그릇 모양으로 짓고, 3 내지 5개 정도의 알을 낳는다. 먹이로는 곤충류나 곡류를 주로 먹는다.

우리나라 전역의 야산이나 논과 밭 근처에서 흔히 볼 수 있다. (왼쪽, 오른쪽)

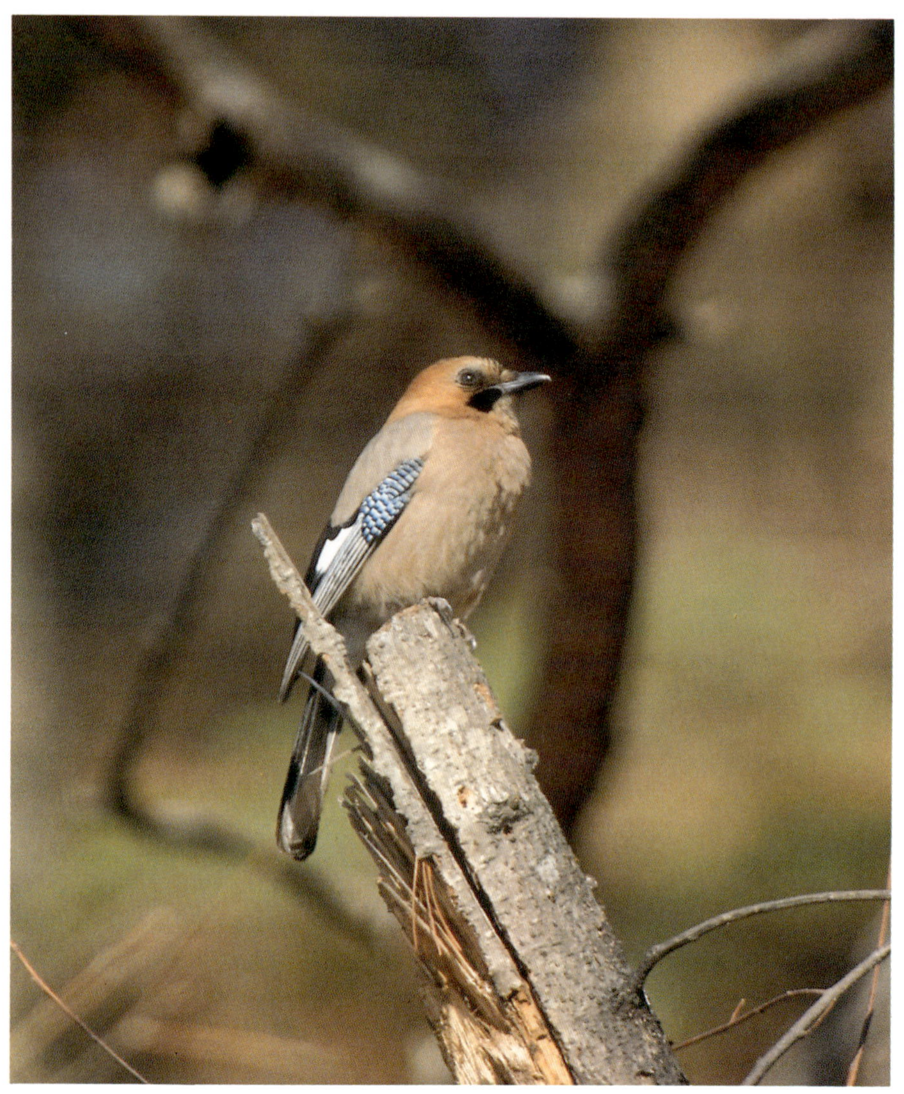

46 산림에 사는 텃새

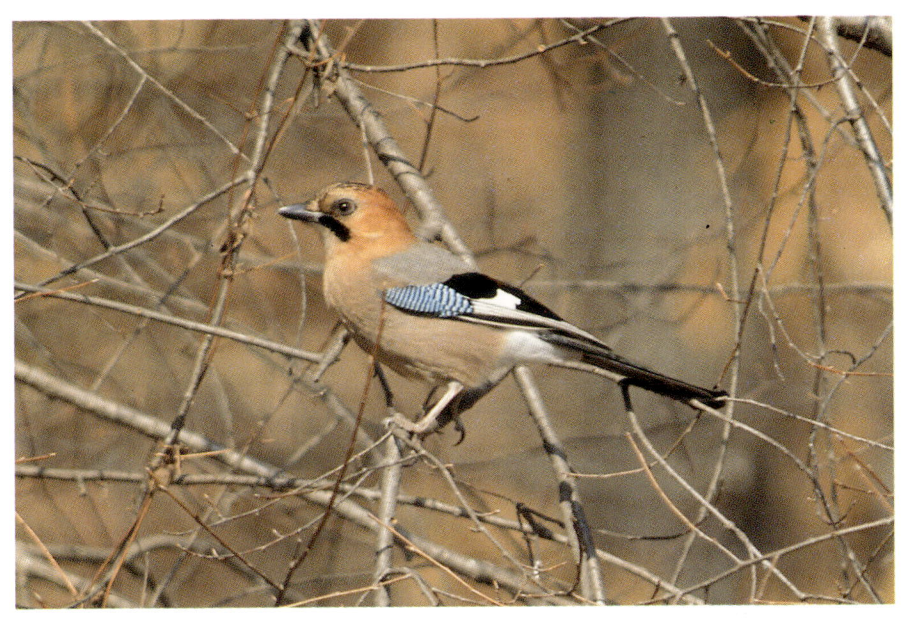

어치　(영명) Jay　(학명) *Garrulus glandarius brandtii*　EVERSMANN

까마귀과에 속하는 종으로 우리나라의 외딴 도서 지방을 제외한 어느 곳에서나 번식하는 텃새이다. 지방에서는 일명 '산까치'라고도 불린다.

몸 길이는 약 33센티미터이며 암수의 깃털은 거의 동일하다. 머리 꼭대기에서 윗등까지는 황갈색으로 머리에는 검은색의 세로 무늬가 있고, 아랫등은 진한 회색이다. 턱밑은 흰색이며 가슴과 배는 흐린 황갈색이다. 날개는 진한 하늘색이며 부리는 검은색이고, 다리는 갈색이다. 까마귀과에 속하는 다른 종과는 다르게 황갈색을 띠고 있어 쉽게 구별할 수 있다.

야산과 들판보다는 울창한 산림, 높은 산에서 산다. 둥우리는 나뭇가지 사이에다 짓고, 4 내지 8개의 알을 낳는다. 번식 뒤에는 인가 주변이나 평지로 나와 무리 생활을 한다. 먹이의 대부분은 곤충류이지만 겨울에는 나무 열매를 먹는다.

외딴 도서 지방을 제외한 우리나라의 전역에서 흔히 볼 수 있다. (왼쪽, 오른쪽)

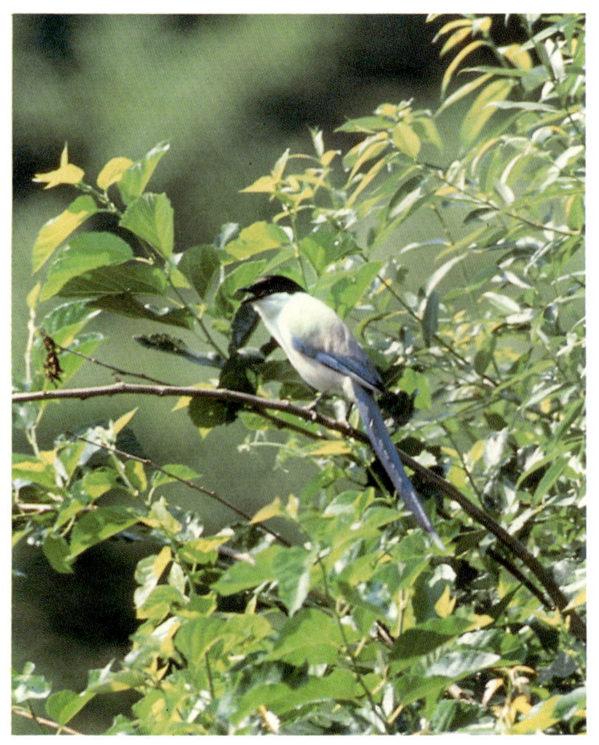

물까치　（영명）Azure-winged Magpie
　（학명）*Cyonopica cyanus koreensis*　YAMASHINA

까마귀과에 속하는 종으로 우리나라의 산림이 울창한 곳 어디에서나 번식하는 흔한 텃새이다.

몸 길이는 약 37센티미터이며 암수의 깃털은 동일하다. 머리는 검은색이며 윗등은 흐린 회색이고 아랫등, 날개, 꽁지는 푸른빛을 띠는 회색이다. 턱밑은 흰색이고 가슴과 배는 흐린 회색이다. 부리와 다리는 검은색이다.

주로 구릉에서 높은 산에 이르기까지 도처에 산다. 둥우리는 고목의 활엽수보다는 20년생 내외의 나뭇가지에다 짓고, 6 내지 9개의 알을 낳는다. 번식을 마친 뒤에는 20마리 정도가 무리를 지어 마을 근처로 이동해 온다. 먹이로는 곤충류가 주식이나 겨울에는 나무의 마른 열매를 먹는다.

우리나라의 내륙 지방에서 흔히 볼 수 있다.

오목눈이 （영명） Long-tailed Tit　（학명） *Aegithalos caudatus magnus*　（CLARK）

오목눈이과에 속하는 종으로 우리나라 전역의 울창한 산림에서 번식하는 텃새이다. 몸 길이는 약 14센티미터이며 암수의 깃털은 동일하다. 머리 부분은 흰색이고 눈 위의 검은색 눈썹선이 뒷목까지 그어져 있다. 등은 검은색, 연자주색, 흰색이 섞여 있으며 가슴과 배는 흰색이고 부리는 검은색, 다리는 어두운 갈색이다.

주로 마을 근처의 산림에서 살며 겨울에는 박새 무리와 함께 생활한다. 둥우리는 관목이나 교목의 나뭇가지 사이에다 다량의 이끼류와 곤충의 고치를 이용하여 긴 타원형으로 짓고 7 내지 11개의 알을 낳는다. 먹이로는 곤충류가 주식이며 식물의 종자 등도 먹는다.

우리나라의 전역에서 흔히 볼 수 있다.

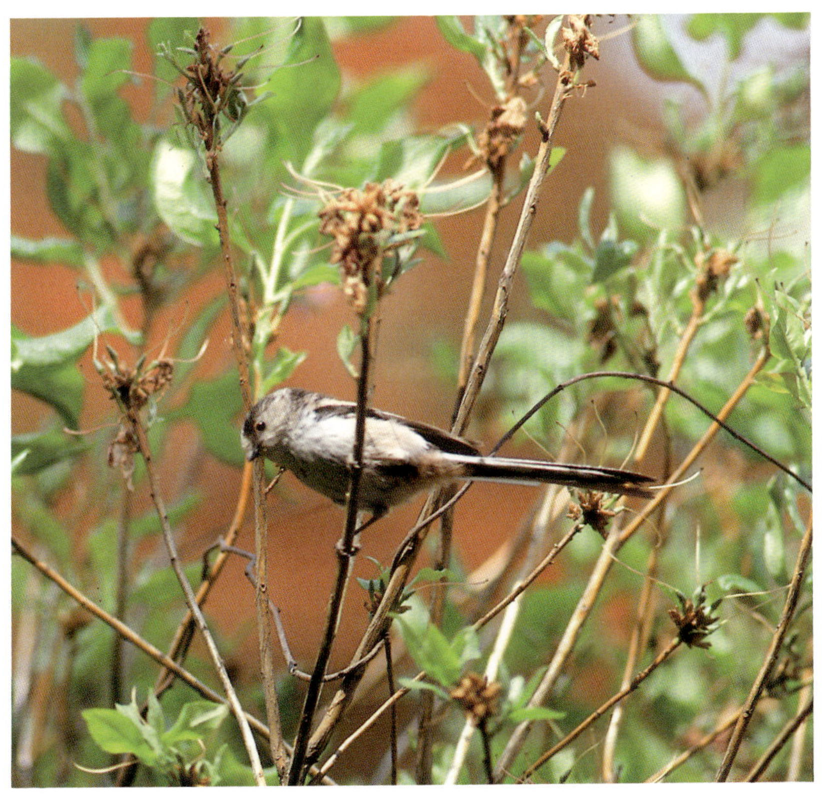

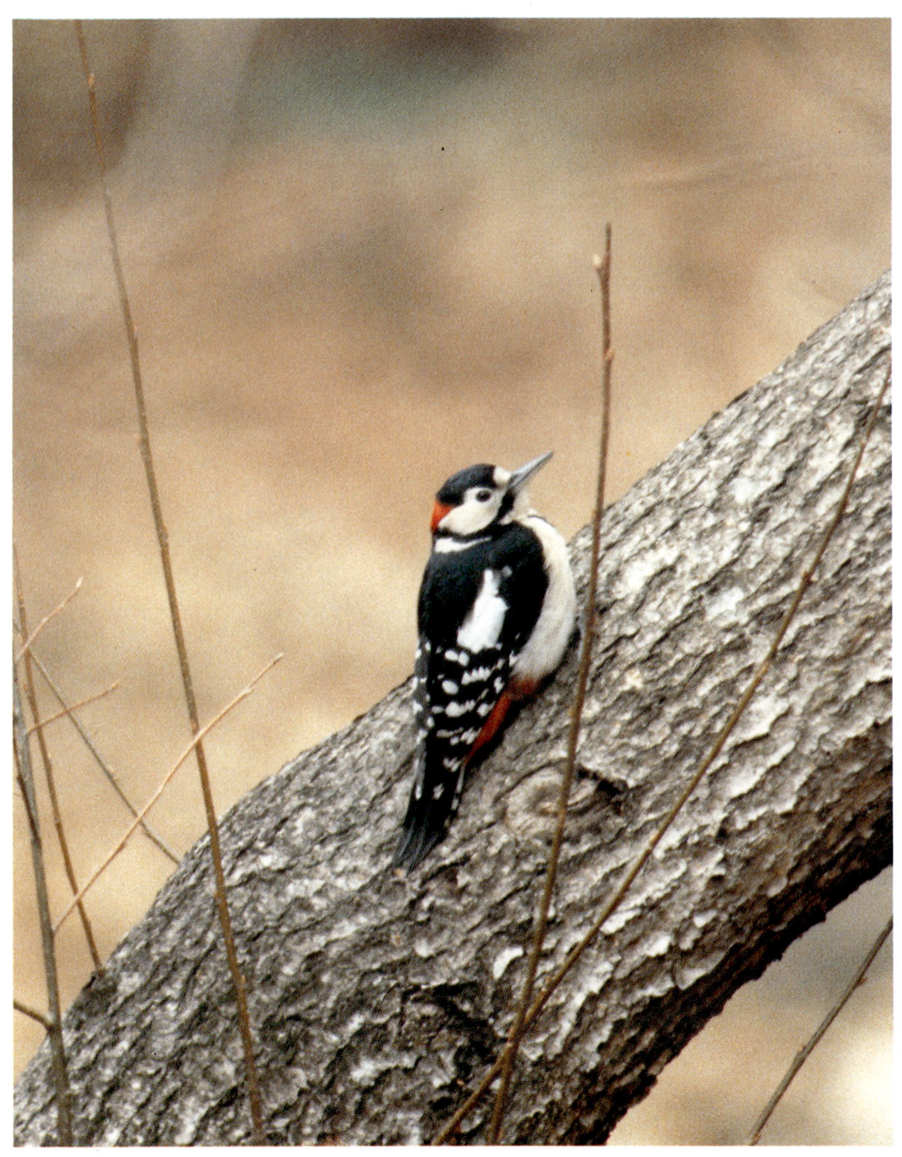

50 산림에 사는 텃새

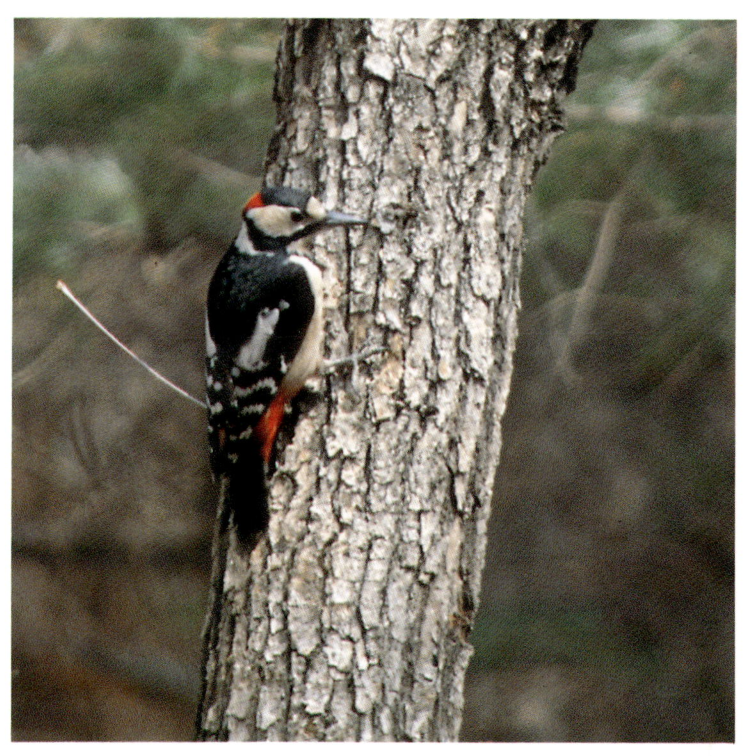

오색딱다구리　（영명）Great Spotted Woodpecker
（학명）*Dendrocopus major hondoensis*　（KURODA）
딱다구리과에 속하는 우리나라의 흔한 텃새이다.
몸 길이는 약 23.5센티미터로 소형이다. 수컷의 이마에는 흰색의 줄이 있고 머리
꼭대기에서 등까지는 광택있는 검은색이며, 뒷머리에 붉은 띠가 있다. 턱밑부터 윗배
까지는 때묻은 흰색이며 아랫배는 붉은색이다. 부리는 푸르스름한 회색이고 다리는
검은색이다. 암컷의 경우는 뒷머리에 붉은 띠가 없고 그 밖에는 수컷과 비슷하다.
주로 산림이 울창한 지역을 좋아하여 숲속에서 살며, 나무줄기에 구멍을 파서 3 내지
5개의 알을 낳는다. 먹이로는 곤충류의 유충, 해충을 먹고 살기 때문에 사람에게 이로
운 새이다.
우리나라의 도서 지방을 제외한 전국의 숲속에서 흔히 볼 수 있다. (왼쪽, 오른쪽)

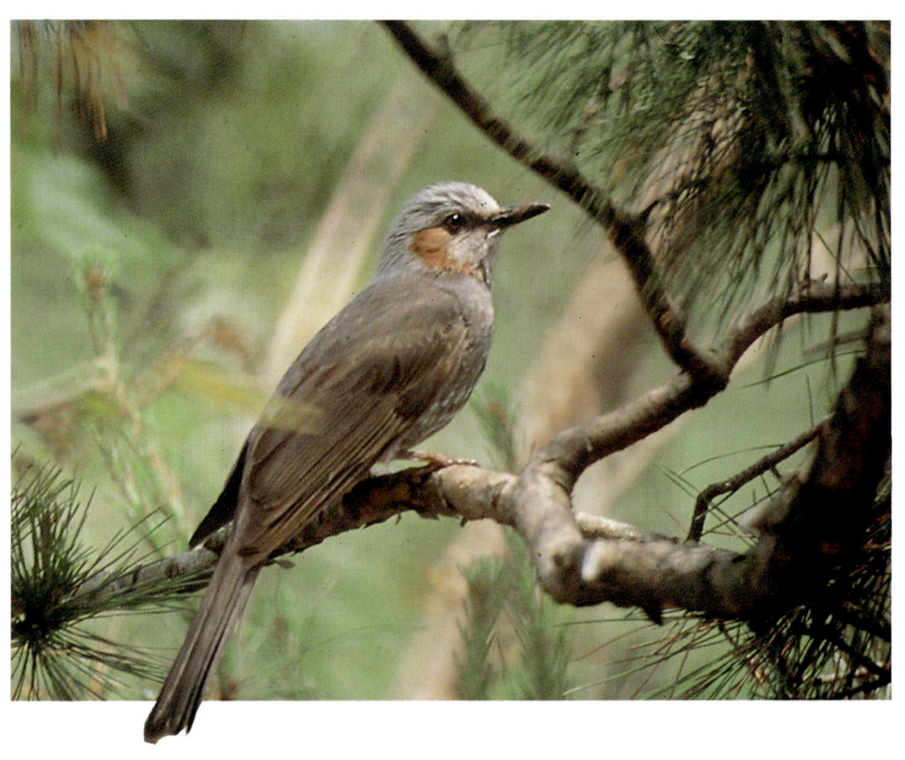

직박구리 （영명） Brown-eared Bulbul
（학명） *Hypsipetes amaurotis hensoni*　STEJNEGER
직박구리과에 속하는 유일한 종으로 우리나라의 중부 이남 지방에서 번식하는 텃새
이다. 일명 숲속의 '수다장이'라고도 불린다.
몸 길이는 약 27.5센티미터이다. 몸매가 날씬하며 암수의 깃털은 동일하다. 겨울에는
머리 꼭대기와 뒷목의 깃이 푸른빛을 띠는 회색이며, 턱밑은 밝은 회색이다. 가슴과
배는 어두운 회색으로 깃의 끝에 흰색의 무늬가 있어 희게 보인다. 등과 꽁지는 진한
회색이다. 부리는 검은색이고 다리는 갈색이다.
주로 평지의 활엽수림이나 남해안의 상록수림에서 산다. 둥우리는 나뭇가지 위에다
밥그릇 모양으로 짓고, 4 내지 5개의 분홍빛 알을 낳는다. 여름철에는 해충류를 먹으
며 겨울철에는 나무 열매나 과수를 먹고 산다.
우리나라 전국 일대에서 흔히 볼 수 있다.

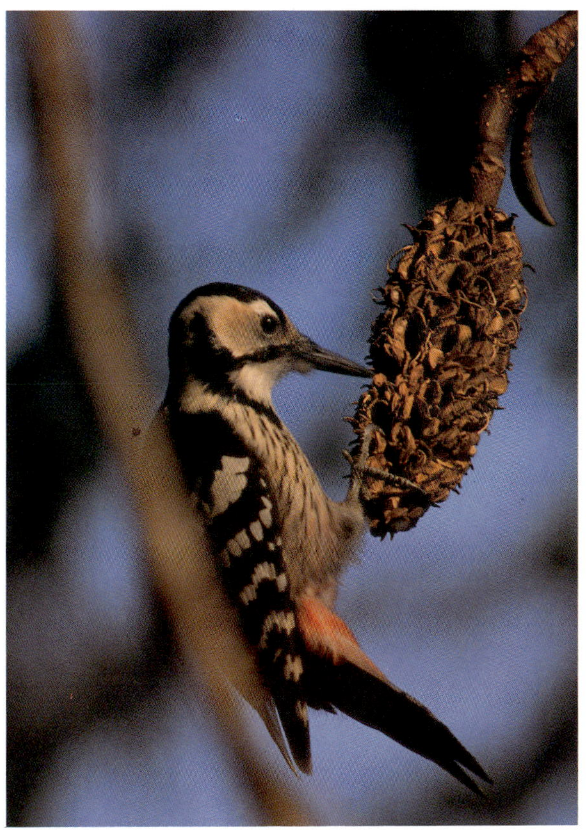

큰오색딱다구리　　（영명）White-backed Woodpecker

（학명）*Dendrocopus leucotos leucotos*　　（BECHSTEIN）

딱다구리과에 속하는 종으로 우리나라의 흔한 텃새이다.

몸 길이는 약 28센터미터로 중형이며 오색딱다구리보다 약간 크다. 오색딱다구리와 비슷하게 생겼으나 크기와 가슴과 배의 깃이 다르다. 곧 오색딱다구리는 가슴과 배의 깃이 때문은 흰색이나 이 종은 흐린 붉은색을 띠고 있다. 오색딱다구리처럼 수컷의 머리 위에만 붉은 띠가 있다. 날개를 접으면 등 위에 흰 줄이 그어진다. 부리와 다리는 푸르스름한 회색이다.

산림이 울창한 곳에서 주로 단독 생활을 한다. 나무줄기 위에 파 놓은 구멍에다 3 내지 5개의 흰 알을 낳는다. 먹이로는 곤충류가 주식이며 해충을 잡아먹는 이로운 새이다.

우리나라에서는 활엽수림이나 침엽수림이 우거진 곳에서 드물게 볼 수 있다.

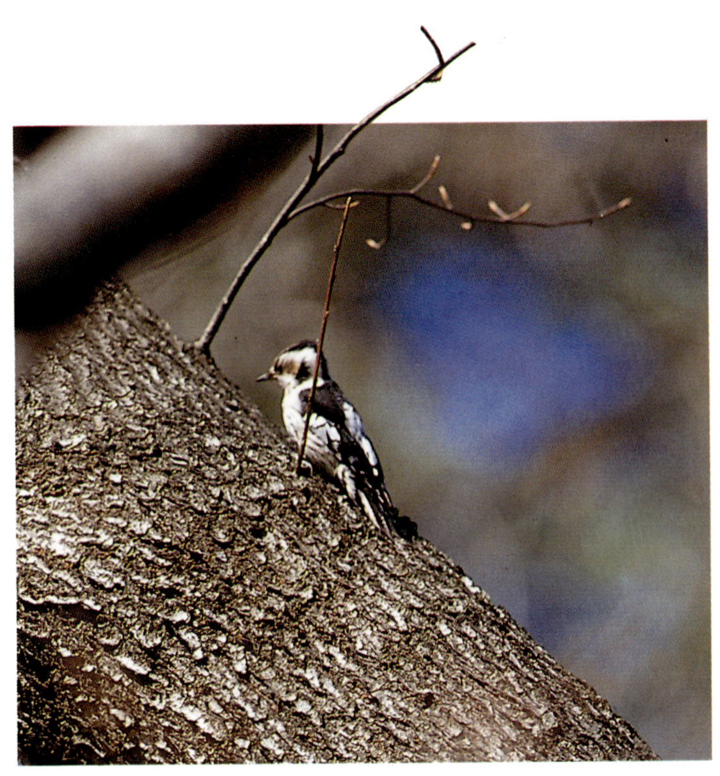

아물쇠딱다구리　(영명) Gray-headed Pigmy Woodpecker
(학명) *Dendrocopus canicapillus doerriesi* （HARGITT）
딱다구리과에 속하는 종으로 중부 이북 지방이나 산림이 울창한 곳에서만 볼 수 있는 매우 드문 종이다.
몸 길이는 약 16센티미터이며 머리와 뺨 근처에 갈색을 띠고 있다. 가슴과 배는 때묻은 흰색에 줄무늬가 있고 등은 검은 바탕에 흰줄이 나 있다. 등 가운데는 큰 흰점이 있어 쉽게 구분되는 것이다.
딱다구리 무리를 중부 이남 지방에서는 거의 볼 수 없으며, 매년 추운 겨울에 간혹 한두 마리가 북쪽에서 찾아와 겨울을 나고 있는 것을 볼 수 있다.
딱다구리와 마찬가지로 고목이 많은 산림의 나무줄기에 구멍을 뚫어 보금자리를 만들며 번식이 끝나면 마을의 뒷산이나 울창한 평지로 내려온다.
아물쇠딱다구리는 추운 겨울 1, 2월 사이에 경기도 광릉의 임업시험장과 서울의 경복궁의 고목나무에 매년 1마리씩 겨울을 나고 있는 것을 볼 수 있다.
그러나 4월부터는 거의 볼 수 없는 것으로 보아 번식기에는 북쪽이나 높은 지역의 산림으로 가는 듯하다.

청딱다구리   (영명) Gray-headed Woodpecker

(학명) *Picus canus griseoviridis*   (CLARK)

딱다구리과에 속하는 종으로 우리나라의 산림이 울창한 곳에서 번식하는 텃새이다. 몸 길이는 약 30센티미터이며 암수의 깃털은 약간 다르다. 수컷의 앞이마, 뒷머리는 회색이며 머리 꼭대기는 광택있는 붉은색이다. 등, 어깨, 허리는 녹색이며 가슴과 배는 녹색을 띤 회색이다. 부리는 검은색이며 다리는 녹색을 띤 어두운 갈색이다. 암컷은 머리 꼭대기에 붉은색이 없이 회색 바탕에 세로 무늬만 있고 가슴과 배는 수컷에 비해 어두운 회색이다.

주로 산림 속에서 단독으로 살며 교목 줄기에 구멍을 뚫어 6 내지 8개의 알을 낳는다. 먹이로는 곤충류를 즐겨 먹고 식물의 열매도 먹는다.

우리나라의 도서 지방을 제외한 내륙 지방에서 볼 수 있다.

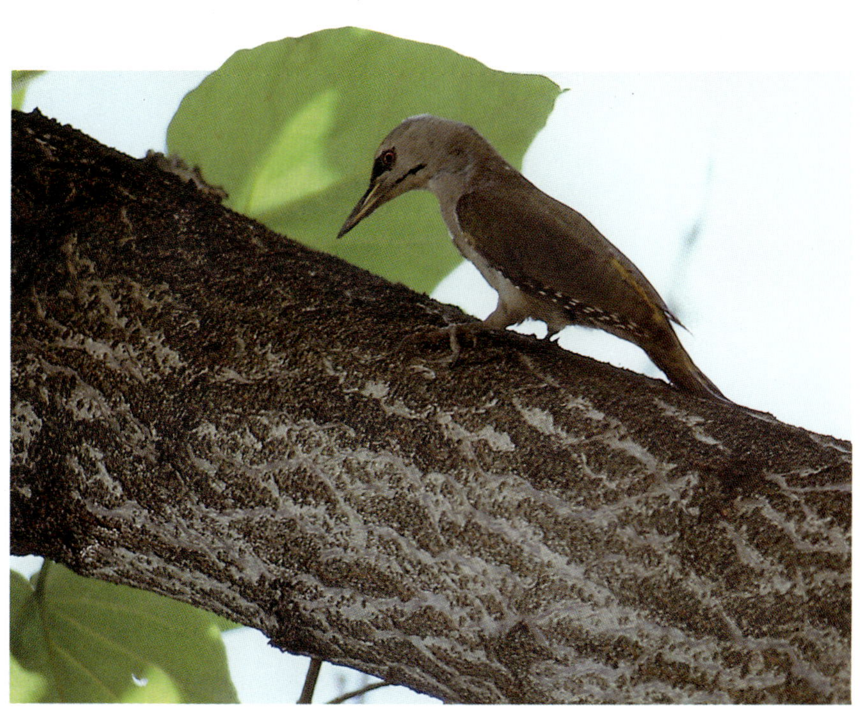

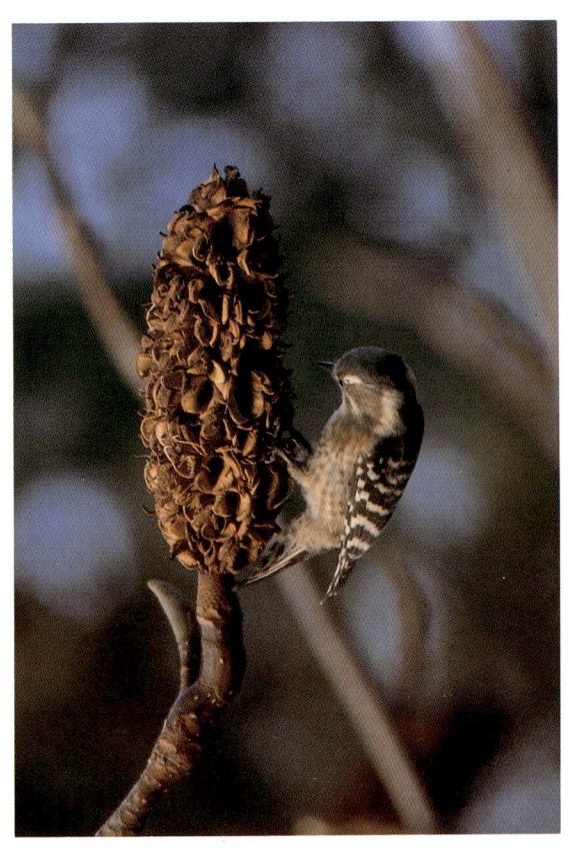

쇠딱다구리 (영명) Japanes Pygmy Woodpecker
(학명) *Dendrocopus kizuki ijimae* (TAKA-TSUKASA)
딱다구리과에 속하는 가장 작은 종으로 우리나라의 전역에서 번식하는 텃새이다.
몸 길이는 약 15센티미터이며 암수의 깃털은 거의 동일하다. 수컷의 이마, 머리 꼭대
기, 뒷머리, 뒷목은 회갈색이며 뒷머리의 양쪽은 붉은색이다. 암컷은 붉은색이 없다.
등, 어깨는 검은색으로 흰색의 폭 넓은 가로띠가 있다. 가슴, 배에는 흰색에 어두운
갈색의 긴 무늬가 있다. 부리와 다리는 푸르스름한 회색이다.
항상 숲속의 나무 위에서 생활한다. 둥우리는 숲속의 고목 줄기에다 구멍을 파서
짓고 5 내지 7개의 알을 낳는다. 먹이로는 곤충류, 식물의 열매를 즐겨 먹는다.
우리나라의 울창한 산림에서 흔히 볼 수 있다.

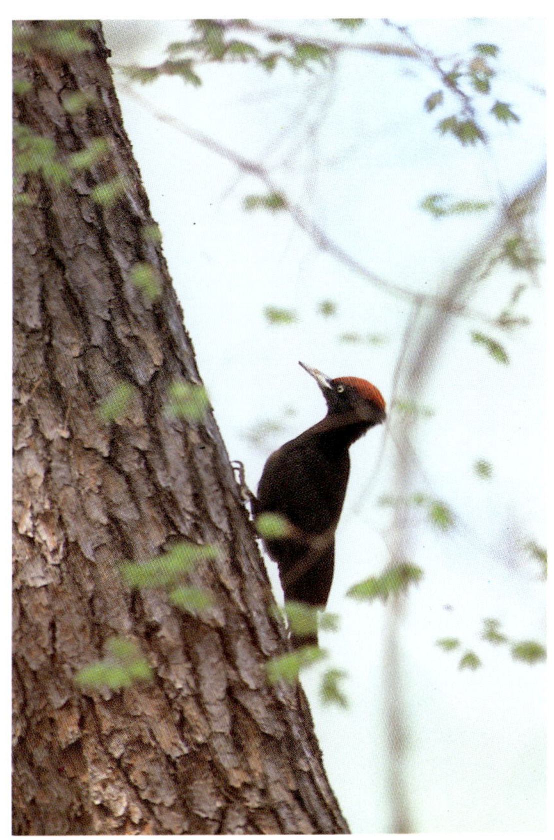

까막딱다구리　（영명）Black Woodpecker　（학명）*Dryocopus martius*　（LINNAEUS）
딱다구리과에 속하는 가장 큰 종으로 우리나라에서 보기 드문 텃새이다.
몸 길이는 약 45.5센티미터이며 몸 전체는 검은색을 띠고 있다. 부리는 진한 검은색
이나 노랑색이 약간 있고 다리는 검은색이다. 수컷은 이마에서 머리 뒤까지 붉은
깃털이 있고 암컷은 머리 뒤에만 붉은 깃털이 있어 암수 구별이 쉽다.
활엽수림이 울창한 곳을 좋아하여 중부 산악 지방에서 주로 산다. 둥우리는 나무줄기
에 구멍을 파서 짓고 4 내지 5개의 알을 낳는다. 먹이로는 곤충류의 유충을 즐겨
먹는다.
우리나라에서는 강원도 설악산, 경기도 광릉 등에서 드물게 볼 수 있고, 겨울에는
마을 뒷산에서 극소수가 눈에 띈다. 천연기념물 제242호이다.

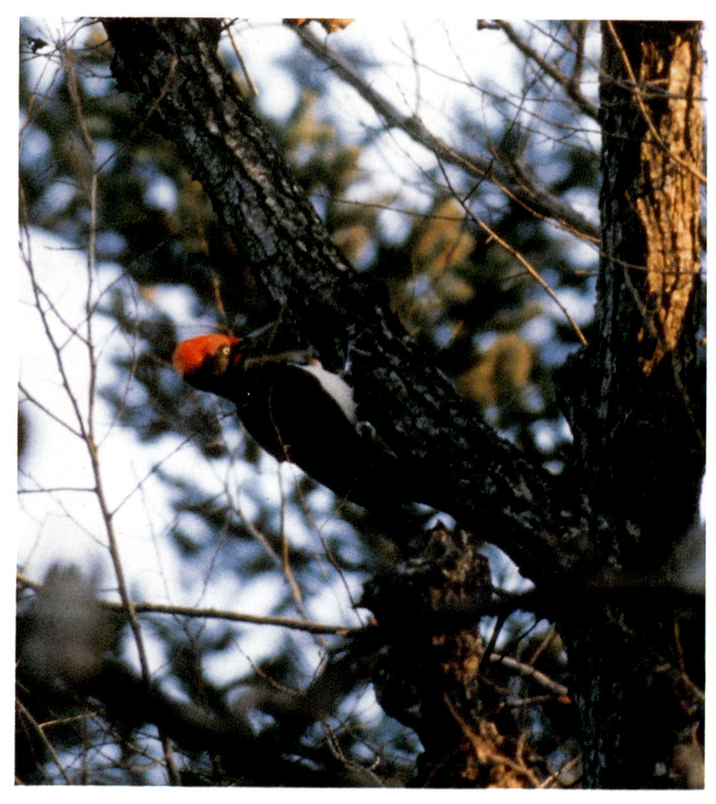

크낙새　(영명) White-bellied Black Woodpecker
　(학명) *Dryocopus javensis richardsi*　TRISTRAM
딱다구리과에 속하는 가장 큰 종으로 우리나라에서 번식하는 텃새이다.
몸 길이는 약 46센티미터이며 암수의 깃털은 약간 다르다. 수컷의 이마, 머리 꼭대기, 뒷머리는 진한 붉은색이다. 암컷은 검은색이며 가슴, 배는 흰색이다. 그 밖에는 모두 광택있는 검은색이다. 부리는 검은색이며 다리는 진한 회색이다.
주로 전나무, 잣나무, 소나무 등이 우거진 어두운 숲속에서 산다. 둥우리는 큰 나무의 자연 구멍 속을 이용하여 3 내지 4개의 알을 낳는다. 먹이로는 곤충류의 딱정벌레를 즐겨 먹는다.
우리나라에서는 강원도 설악산, 경기도 남양주군 진접면의 광릉 일대에서 적은 수를 볼 수 있다. 천연기념물 제197호이다.

들꿩　（영명）Hazel Grouse　（학명）*Tetrastes bonasia vicinitas*　RILEY

들꿩과에 속하는 종으로 우리나라의 흔한 텃새이다.

몸 길이는 약 36센티미터이며 암수의 깃털은 거의 동일하다. 머리는 붉게 녹슨 색을 띤 밤빛으로 흑갈색의 가로띠가 여러 개 있으며, 머리 꼭대기의 깃털은 길어서 우관 (羽冠)을 이룬다. 등은 붉게 녹슨 색을 띤 잿빛 갈색으로 각 깃털에 검은색의 얼룩점 과 가로띠가 있다. 가슴과 배는 갈색으로 각 깃의 가장자리는 흰색이다. 부리는 검은 색이고 다리는 붉게 녹슨 색을 띤 잿빛 갈색이다.

주로 평지의 우거진 활엽수나 침엽수림에서 산다. 둥우리는 숲속의 땅 위에 짓고, 6 내지 12개의 알을 낳는다. 먹이로는 장과, 잎, 꽃, 기타의 종자를 즐겨 먹고 더러는 곤충도 포식한다.

우리나라 경기도 남양주군의 광릉에서 쉽게 볼 수 있다.

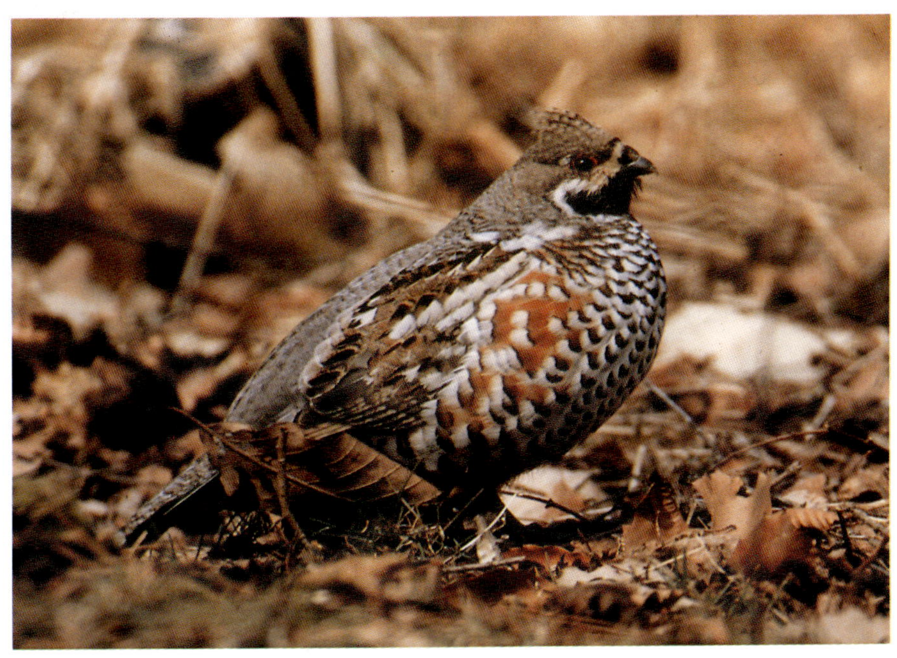

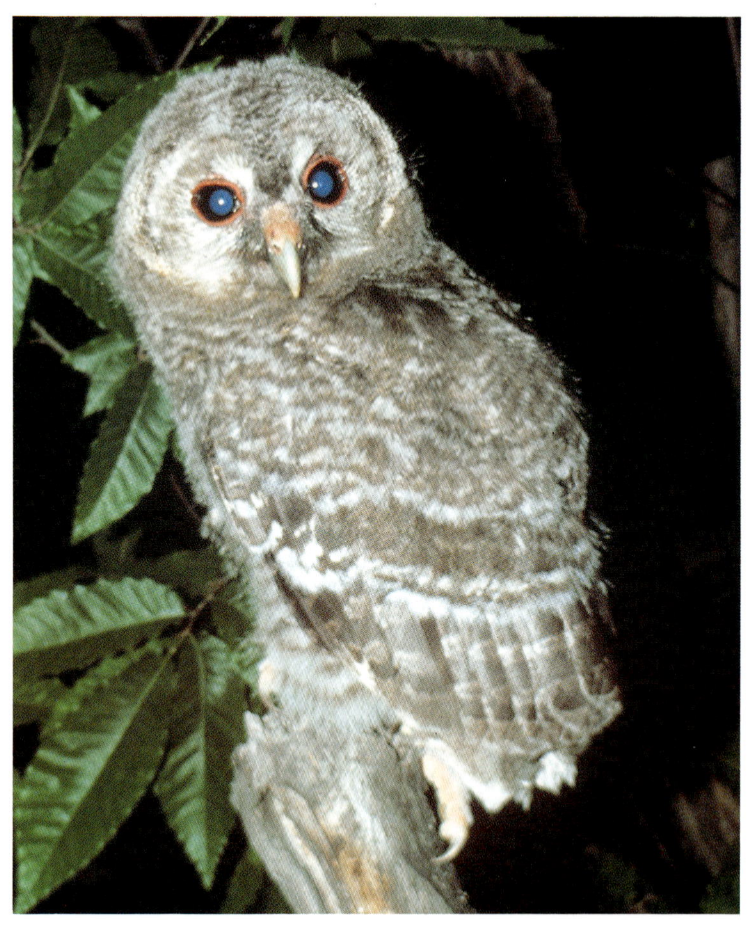

올빼미　（영명） Korean Wood Owl　（학명） *Strix aluco ma*　CLARK
올빼미과에 속하는 대표적인 종으로 우리나라에서 보기 드문 텃새이다.
몸 길이는 약 35센티미터로 중형이다. 암수의 깃털은 동일하다. 몸 전체의 깃은 황갈색을 띤 흰색으로 흑갈색의 무늬가 있다. 구부러진 부리는 녹색을 띤 황색이고 발은 살색이다. 이마에 긴 귀털이 없이 얼굴에 원형의 선만 있는 것이 이 종의 특징이다. 주로 평지의 침엽수림이나 활엽수림에서 산다. 낮에는 나뭇가지에서 휴식을 취하고, 밤에 활동을 시작한다. 둥우리는 고목의 자연 구멍을 이용하여 4개의 흰 알을 낳는다. 먹이로는 들쥐, 작은 조류, 곤충류 등을 즐겨 먹는다.
우리나라에서는 경기도 남양주군 진접면의 광릉에서 매년 번식하는 것을 볼 수 있다. 천연기념물 제324호이다.

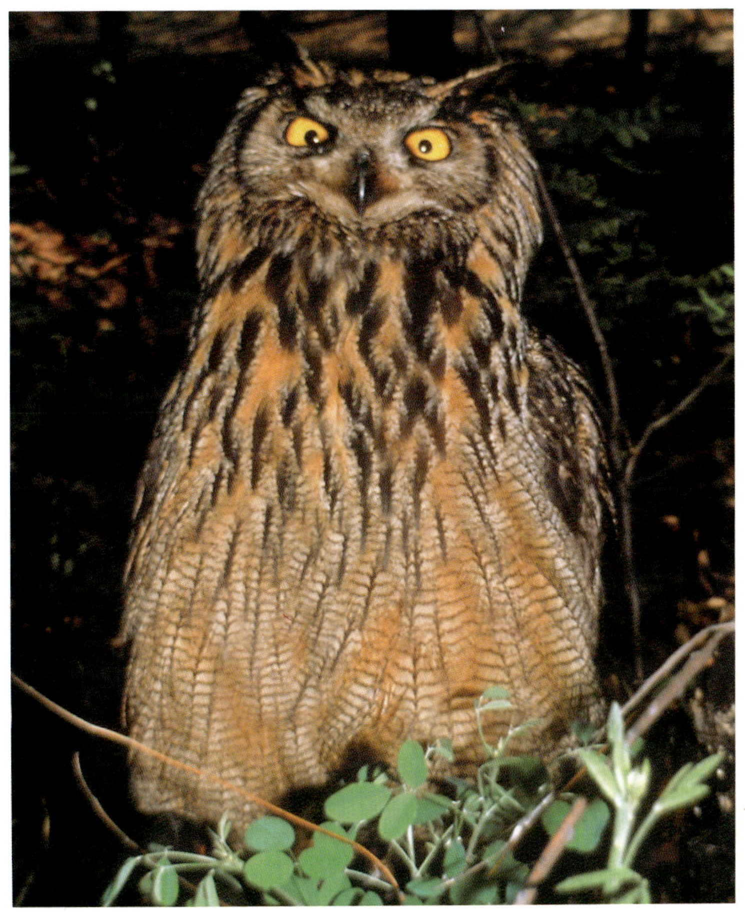

수리부엉이　（영명）Eagle Owl　（학명）*Bubo bubo kiautschensis*　REICHENOW

올빼미과에 속하는 가장 큰 종으로 우리나라의 텃새이다.

몸 길이는 약 66센티미터이며 암수의 깃털은 동일하다. 머리 꼭대기에서 등까지는 흐린 갈색으로 각 깃의 끝이 흰색과 흑갈색의 파도 모양을 이룬다. 턱밑은 흰색이며 가슴과 배는 황갈색 바탕에 흑갈색의 세로 무늬가 있다. 구부러진 부리는 검은색이며 앞뒤로 각각 2개씩 발가락이 있다. 눈 위에 난 2개의 귀털이 이 종의 특징이다. 올빼미류와 부엉이류는 비슷하게 생겼지만 눈 위 이마에 긴 귀털이 있는 것은 부엉이류이고, 긴 귀털이 없이 얼굴만 둥근 것은 올빼미류이다.

주로 중부 이북 지방의 심산이나 강의 절벽에서 산다. 바위나 벽의 틈새를 이용하여 둥우리 없이 2, 3개의 알을 낳는다. 먹이로는 꿩, 산토끼, 집쥐를 주식으로 한다.

우리나라 전역에서 드물게 볼 수 있다. 천연기념물 제324호이다.

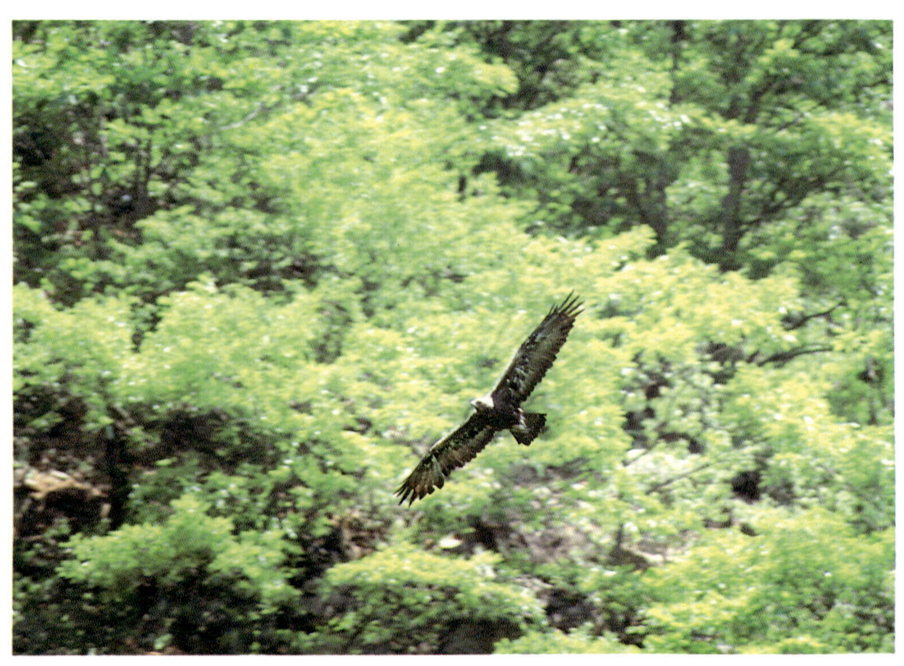

검독수리 （영명） Golden Eagle　（학명） *Aquila chrysaetos japonica*　SEVERTZOV
　수리과에 속하는 종으로 우리나라의 해안보다 내륙 지방의 바위 절벽에서 번식하는
텃새이다.
　몸 길이는 수컷 81센티미터, 암컷 89센티미터이며 깃털은 거의 동일하다. 머리 꼭대
기, 뒷머리의 깃은 버들잎 모양으로 어두운 갈색이며, 등과 어깨는 어두운 갈색 또는
흑갈색이나 털갈이를 한 새로운 깃은 적자색 광택이 있다. 턱밑, 가슴, 배는 등과
같은 색이나 등보다 진하다. 구부러진 부리는 검은색이며 발가락은 황색이다.
　먹이로는 토끼나 들새 등을 잡아먹는다.
　주로 산악 지대에서 산다. 우리나라에서는 지리산, 대둔산, 설악산, 경기 가평 등의
내륙 지방에서 볼 수 있으며, 겨울에 평지의 야산이나 마을에서도 드물게 눈에 띤
다. 천연기념물 제243호이다.

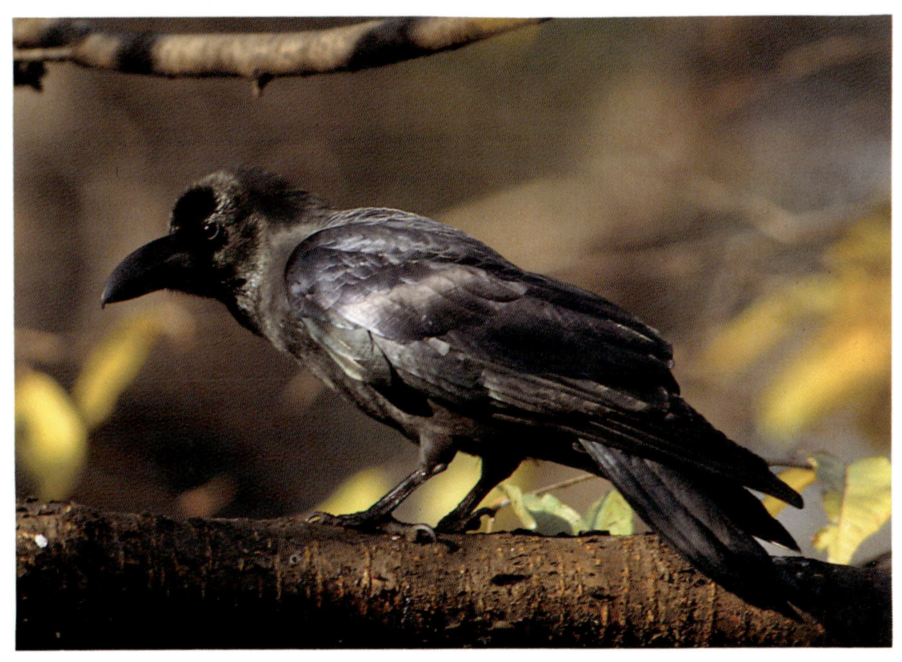

큰부리까마귀　（영명）Jungle Crow
　（학명）*Corvus macrorhynchos mandshuricus*　BUTURLIN
까마귀과에 속하는 종으로 우리나라의 전역에서 번식하는 흔한 텃새이다. 중부 이북
지역에서는 흔히 번식하나 중부 이남 지역에서는 드물게 번식한다.
몸 길이는 약 56.5센티미터이며 암수의 깃털은 동일하다. 겨울에 깃은 전체적으로
광택이 강한 검은색이며 여름에는 깃이 마모에 의해 광택이 감소되어 갈색을 띤다.
부리는 검은색으로 단단하며 부리 등이 심하게 구부러졌다. 다리도 검은색이다.
주로 농촌, 산지, 바다 근처 숲속의 높은 교목에서 산다. 둥우리는 높은 나뭇가지에
밥그릇 모양으로 짓고, 3 내지 6개의 알을 낳는다. 먹이로는 잡초, 곡류, 과실, 작은
포유류, 어류, 양서류, 곤충류 등을 혼식한다.
우리나라의 전역에서 흔히 볼 수 있다.

습지에 사는 텃새

우리나라의 습지는 마을 앞 논이나 평지의 개울, 저수지, 호수, 해안가의 물이 괴인 곳인데 여기에는 물 속에 사는 작은 수서 동물이나 작은 조개류 또는 물고기 등을 먹고 사는 습지 조류들이 서식한다.

그러나 이들은 물가의 수초밭이나 물가의 논 근처, 바위 사이, 가까운 풀밭 또는 마을 뒷산의 높은 나무 위에서 번식하는 것이다. 논병아리는 주로 큰 저수지나 평지의 호수 등 갈대나 달풀, 창포가 우거진 사이에 수초를 모아 둥우리를 물에 뜨게 만들어 번식한다.

백할미새는 남해안의 해안가 바닷가에서 둥우리를 만들어 번식하나 번식은 매우 드물게 관찰된다. 흰뺨검둥오리는 큰 강의 경사진 풀밭이나 서해안의 풀이 무성한 경사진 곳에서 보금자리를 많이 볼 수 있다.

원앙이는 경부 지방의 큰 개울이나 계곡의 물이 괴인 곳에서 흔히 볼 수 있고, 경기도 광릉의 울창한 산림 계곡에는 최근 많은 원앙이가 늘어나 계절에 상관없이 볼 수 있다. 백로과에 속하는 왜가리는 강남 지방으로 겨울을 나기 위해 일부가 떠나기도 하며 최근 많은

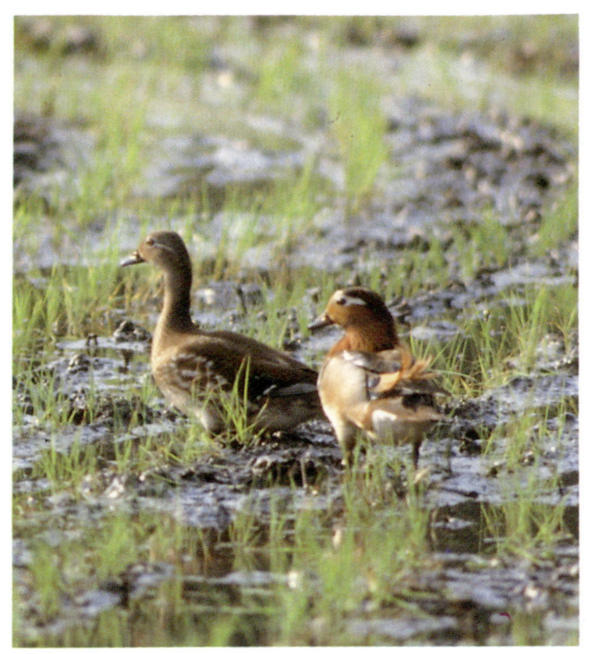

산림의 계곡이나 논, 저수지 등에서 볼 수 있는 원앙이 부부

수가 호수가나 개울, 큰 저수지, 강 하구 등에서 겨울을 나고 있는 것을 볼 수 있다. 4월 초에 이들 왜가리들은 매년 번식하는 같은 장소로 가며 백로 무리 가운데 가장 알을 일찍 낳아 번식한다.

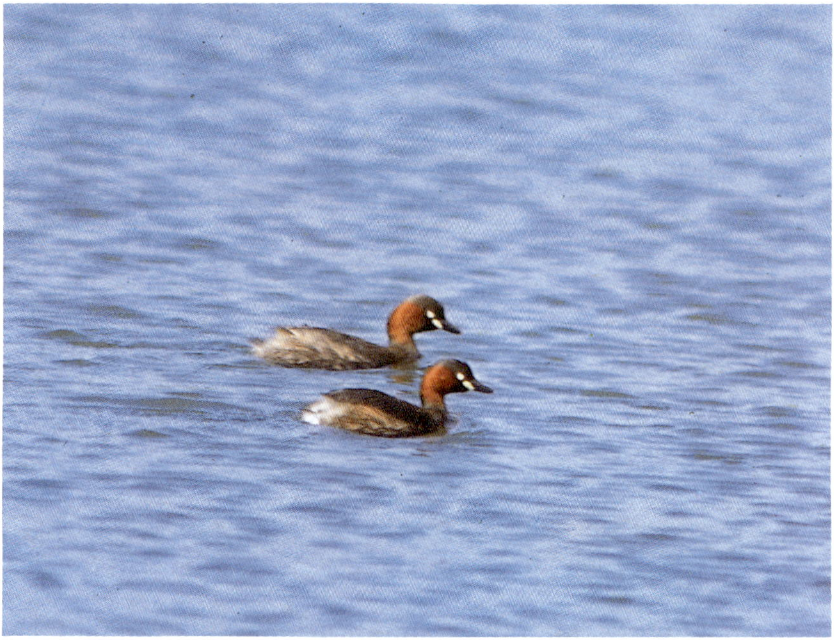

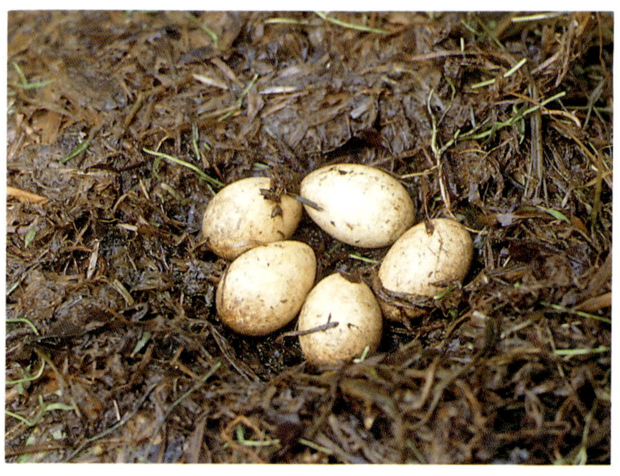

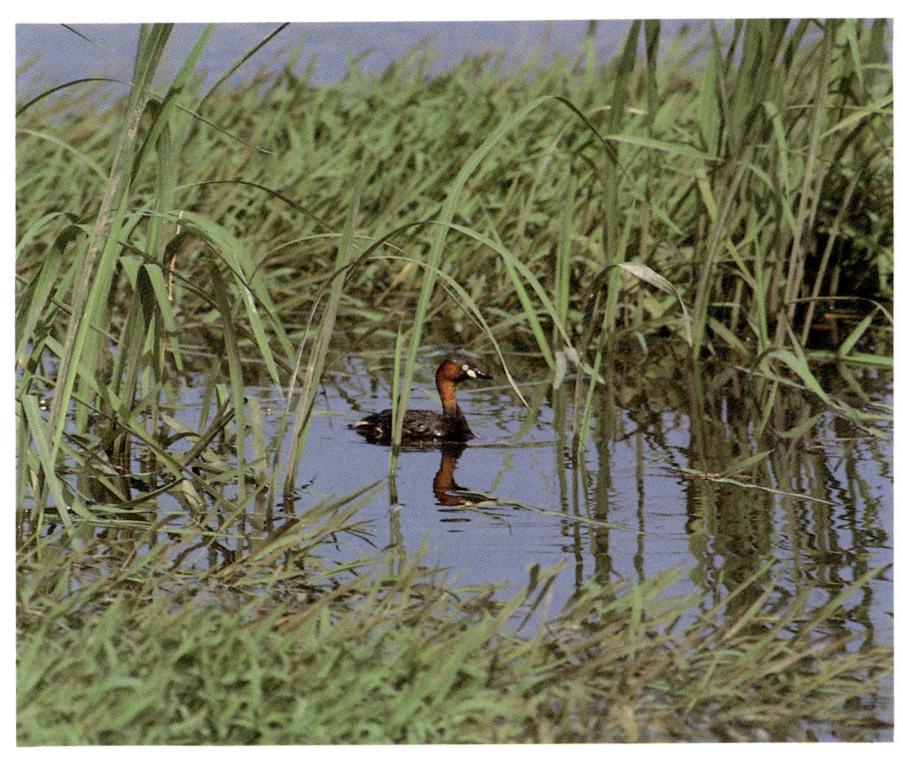

논병아리　（영명）Little Grebe　（학명）*Podiceps ruficollis poggi*　（REICHENOW）

　논병아리과에 속하는 가장 작은 종으로 우리나라에는 10월부터 찾아오기 시작하여
겨울을 지내고 봄이 되면 번식지인 북쪽 지방으로 가는 겨울 철새이나 일부는 중부
지방에 남아 번식을 하기도 한다.
　몸 길이는 약 21센티미터이며 암수의 크기와 깃털은 동일하다. 머리는 흑갈색이고
턱밑은 적갈색이다. 등은 진한 회색이며 가슴과 배는 흰색이다. 날개는 짧고 꽁지는
없다. 부리는 잿빛 갈색이고 다리는 푸르스름한 회색이며 발가락 사이에 물갈퀴가
있다.
　강 하구, 큰 호수, 저수지의 물속에서 20 내지 30마리 정도가 무리를 지어 생활한
다. 둥우리는 연못이나 물이 괴인 곳의 수면에다 만들며 3 내지 6개의 알을 낳는다.
먹이로는 작은 물고기를 즐겨 먹는다.
　우리나라 전역의 강, 호수, 개울, 강 하구 등에서 볼 수 있다. (왼쪽 위, 아래, 오른쪽)

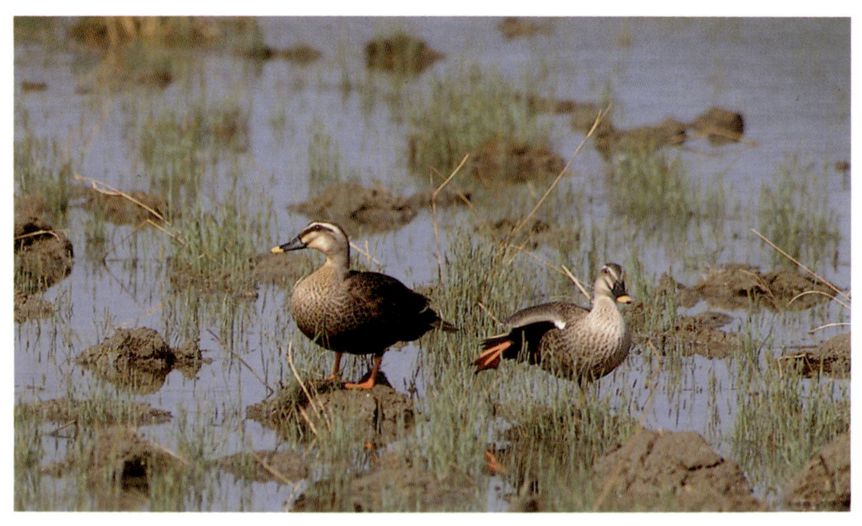

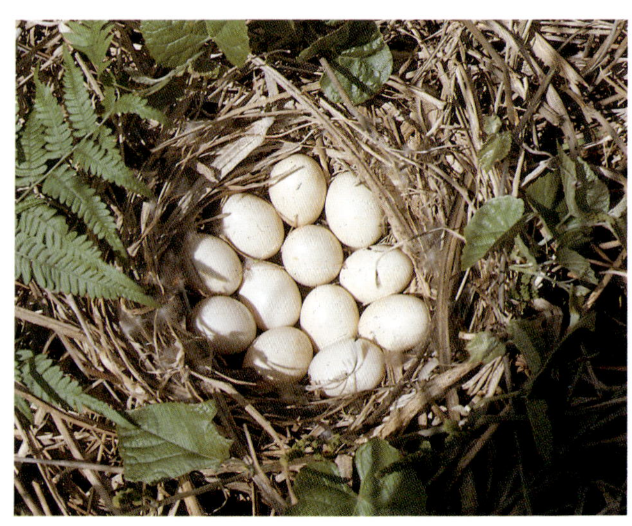

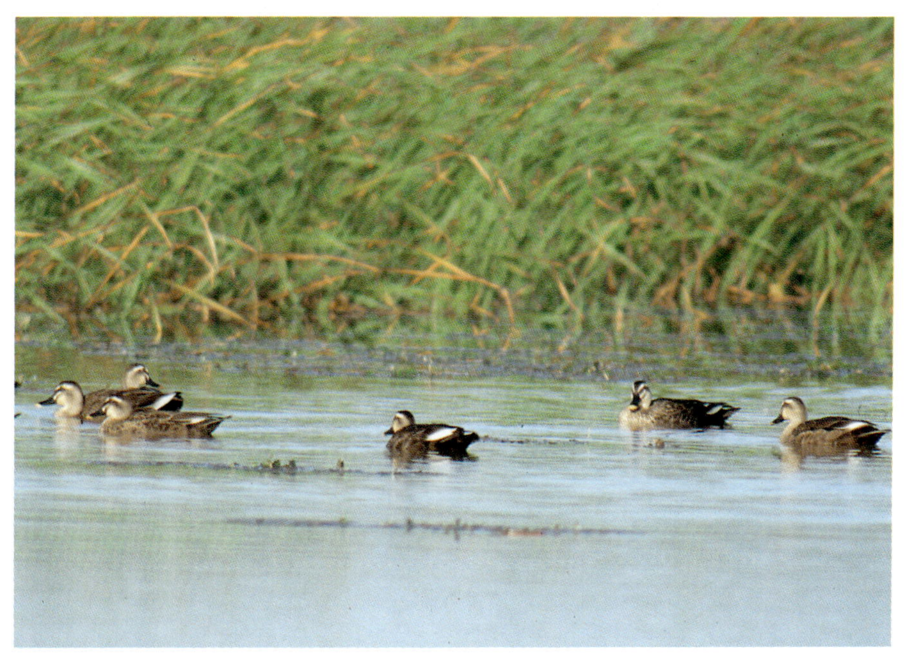

흰뺨검둥오리　（영명）Spot-billed Duck
（학명）*Anas poecilorhyncha zonorhyncha*　（SWINHOE）
오리과에 속하는 종으로 우리나라의 전역에서 흔히 번식하는 텃새이다. 몸 길이는
약 60.5센티미터이며 몸 전체의 깃은 검은색과 흐린 갈색이며 뺨은 이름처럼 흰색으
로 검은 줄이 있다. 첫째 날개깃은 검정색이고 둘째 날개깃은 청록색이다. 검은색
부리의 끝에는 황색의 가로띠가 있고, 다리는 진한 갈색이며 날 때는 천둥오리에
비해 검게 보인다.
사는 곳은 계절에 따라 달라져 겨울에는 강 하구, 저수지 등에서 집단 생활을 하며
번식기에는 평지의 논, 무인도, 육지 근처의 바닷가에서 산다. 둥우리는 마른 풀잎과
풀줄기를 엮어서 짓고, 10 내지 12개의 알을 낳는다. 먹이로는 풀씨, 나무 열매, 혹은
곤충류를 즐겨 먹는다.
우리나라에서는 경기도 여주의 들판, 경기도 강화군 삼산면 매응리의 대송도에서
볼 수 있다. (왼쪽 위, 아래, 오른쪽)

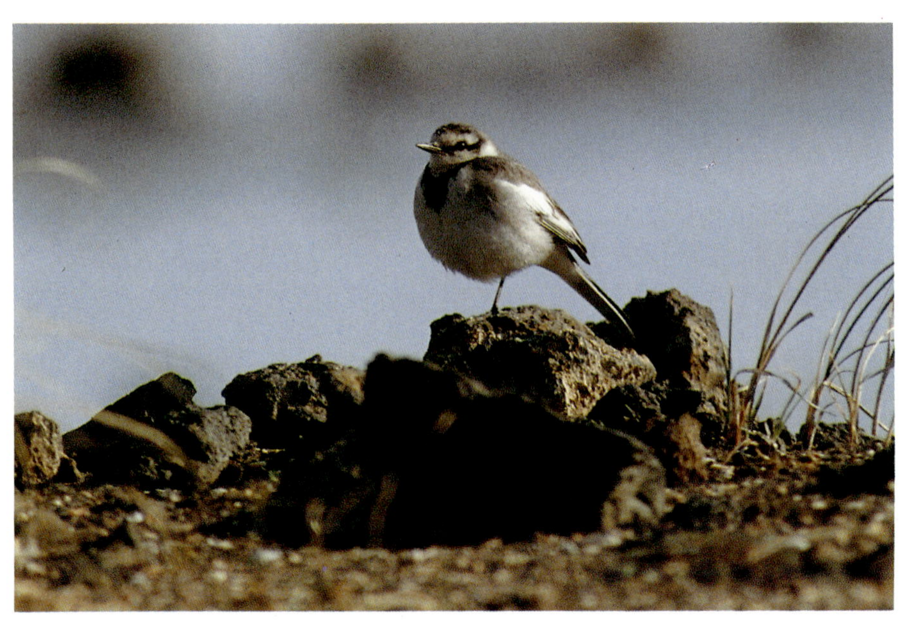

백할미새 (영명) White Wagtail (학명) *Motacilla alba lugens* GLOGER
할미새과에 속하는 종으로 우리나라에서 겨울을 지내고 다음해 봄에 번식지로 날아
가는 보기 드문 겨울 철새이다.
몸 길이는 약 21센티미터이며 암수의 깃털은 거의 동일하다. 이마, 뺨, 가슴, 배, 날개
는 흰색이며 머리 뒤, 턱밑, 등, 꽁지는 검은색이다. 암컷의 등은 회색이며 부리와
다리도 검은색이다. 알락할미새와 비슷하게 생겼으나 부리에서 눈 사이에 수평으로
검은 선이 있는 것이 다르다.
주로 해안가의 바위, 개펄, 모래밭에서 산다. 둥우리는 바위 사이, 물가, 벼랑의 파인
곳, 잡초 속에다 짓고 4, 5개의 알을 낳는다. 먹이로는 수서 동물, 곤충류를 먹는다.
우리나라에서는 강원도 속초의 청초호, 고성군의 아야진 해안, 부산의 장림 하구의
뚝, 거제도의 장승포 바닷가, 제주도의 바닷가에서 드물게 볼 수 있다.

원앙이　（영명） Mandarin Duck　（학명） *Aix galericulata*　（LINNAEUS）

오리과에 속하는 종으로 아름다운 깃털을 가진 우리나라의 텃새이다.
몸 길이는 약 45센티미터로 작은 편이며 암수의 깃털이 다르다. 수컷의 머리는 광택
있는 녹색으로 진한 밤색의 댕기가 있고(암컷은 진한 회색), 턱은 적황색이다(암컷은
흰색). 가슴은 진한 청색과 흰 띠로 되었으며(암컷은 갈색) 배는 흰색이다. 등과 꽁지
부분은 청록색이다(암컷은 잿빛 갈색). 수컷의 부리는 어두운 홍색으로 끝이 흰색인
데 암컷은 회색이다. 다리는 적황색이다. 암컷의 머리는 진한 회색이고 턱은 흰색이
며 등과 꽁지 부분은 잿빛 갈색으로 수컷과 다르다.
강가나 들판보다는 숲속의 연못, 산간 계류 등에서 주로 산다. 둥우리는 활엽수의
자연 구멍, 인공 새집, 돌담의 틈새에 짓고 7 내지 12개의 알을 낳는다. 먹이로는
풀씨나 나무 열매를 주식으로 하며 특히 도토리를 즐겨 먹는다.
우리나라에서는 경기도 광릉의 개울에서 겨울을 제외하고 일년 내내 볼 수 있다.
천연기념물 제327호이다.

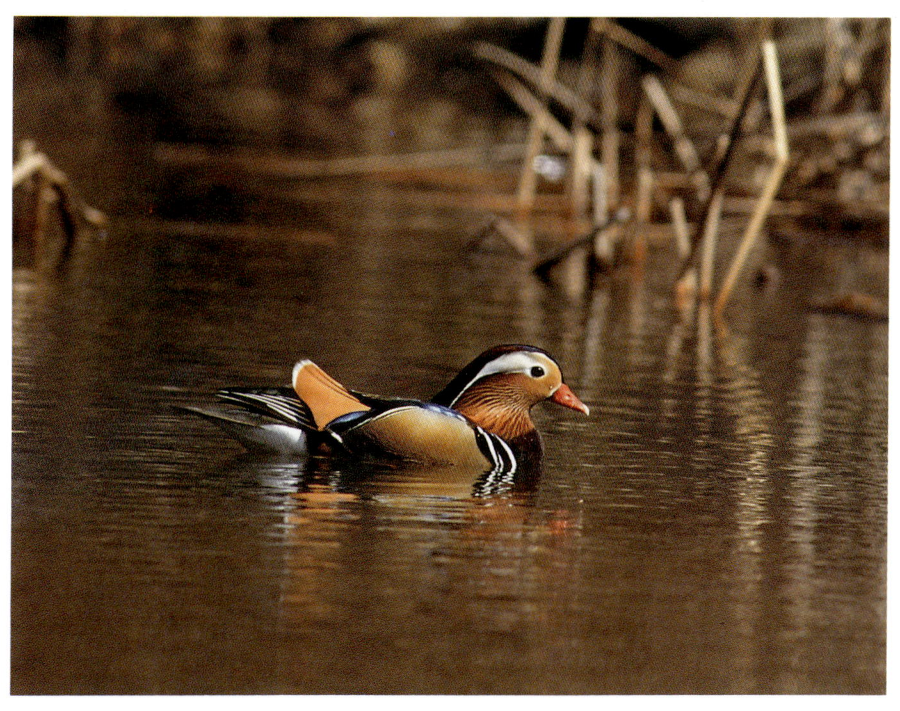

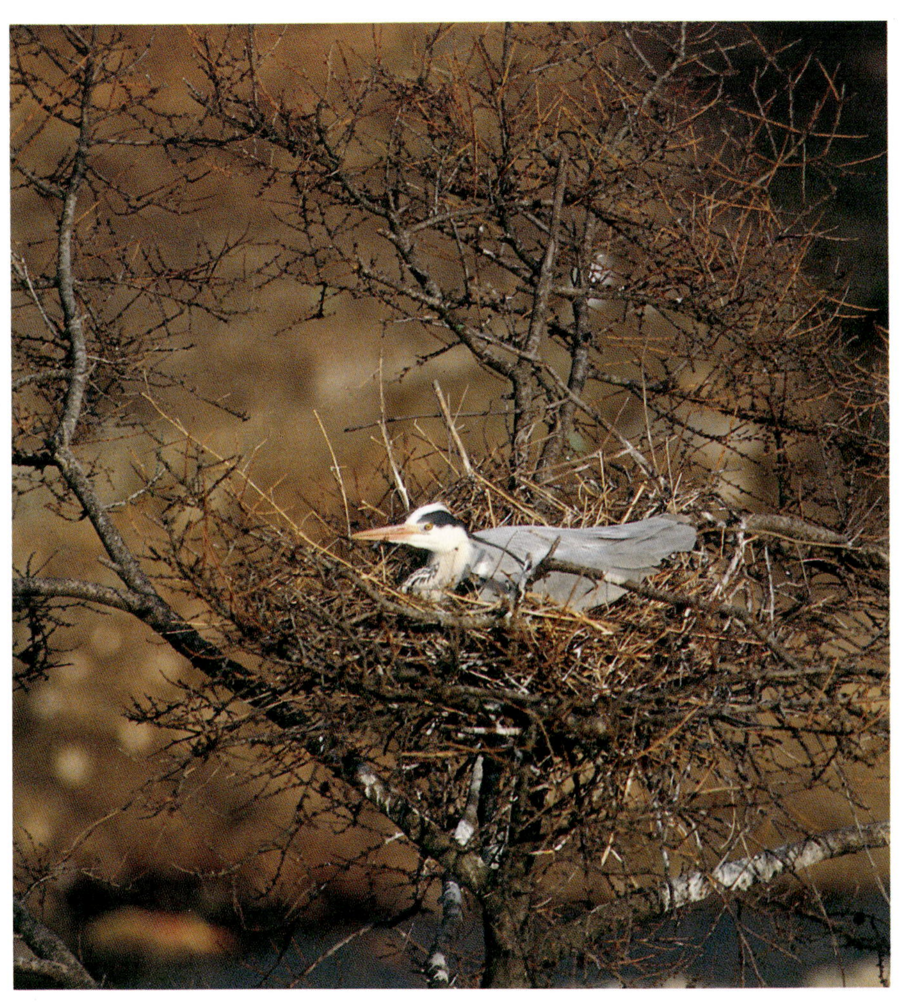

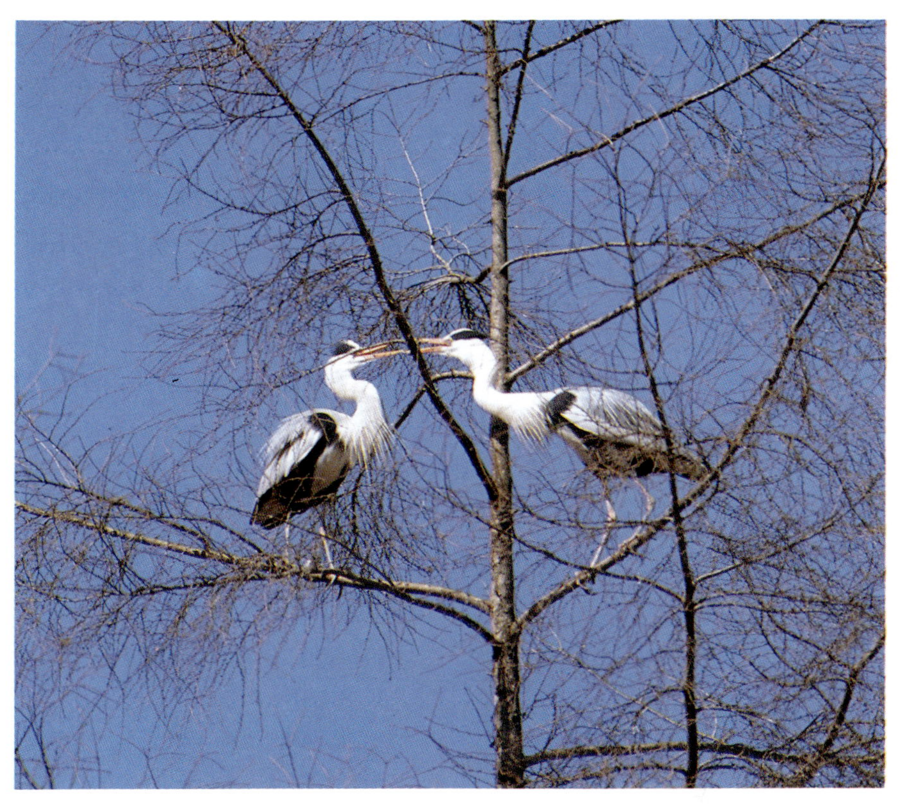

왜가리 （영명） Grey Heron （학명） *Ardea cinerea jouyi* （CLARK）

백로과에 속하는 대형의 종으로 우리나라의 여름 철새이다. 소수의 무리는 겨울철에 강 하구나 저수지 등지에서 월동을 하기도 한다. 지방에서는 일명 '황새'로 불리나 황새와는 크기가 다르다.

몸 길이는 약 90센티미터이며 몸 전체의 깃은 흐린 회색과 진한 회색으로 되어 있다. 머리에는 검은색의 긴 댕기가 2개 있고 턱에서 가슴까지 검은 줄이 있다. 부리는 갈색을 띤 노랑색이며 다리도 노랑색이다.

초습지, 논, 개울, 하천 등에서 중대백로나 중백로와 부리를 지어 생활한다. 둥우리는 높은 나뭇가지 위에다 짓고 4개 정도의 알을 낳는다. 먹이로는 어류를 즐겨 먹는다. 우리나라의 중남부 해안 지역에서는 연중 볼 수 있다. 강원도 횡성군 압곡리, 경남 통영군 도산면 등지에서는 백로 무리와 집단 번식한다. (왼쪽, 오른쪽)

바닷가나 섬에 사는 텃새

우리나라에는 3면이 바다로 둘러싸여 있어 항구나 바닷가 작은 도서 또는 외딴섬에 이르기까지 많은 텃새들을 4계절에 걸쳐 어디를 가나 쉽게 볼 수 있다.

연안 항구나 작은 포구 또는 바닷가에는 괭이갈매기가 가장 많으며 특히 바다에서 먹이가 부족하면 생선 잡는 어선이나 어시장 하수가 흘러내리는 곳에 많이 몰려든다.

또 재갈매기는 과거 겨울 철새로만 알려졌으나 최근 내륙 지방의 강 하구나 강 상류까지 찾아와 4계절 모두 볼 수 있으나, 지금까지 우리나라 근해의 번식지는 발견되지 않고 있다.

사람이 살지 않은 외딴섬을 제외하고는 인가 근처의 바닷가 바위가 많은 곳에서 바다직바구리를 흔히 볼 수 있으며, 바닷가의 높은 바위 꼭대기에서는 매나 흰꼬리수리가 매우 드물게 볼 수 있다.

또 갯벌이 있는 해안가 또는 강 하구 해안가 간척지에는 검은머리물떼새를 매우 드물게 볼 수 있으며 4월부터 7월 초까지는 경기 강화도의 석모도, 대송도(大松島)라는 작은 무인도에서 매년 번식하고 있다.

해안에서 떨어진 작은 섬의 암벽이나 큰 암초 위에는 가마우지가 많이 모여 있는 것을 볼 수 있으나, 대부분 외딴섬의 담벽에서 번식하기 때문에 알이나 어린 새끼들은 쉽게 볼 수 없다.

바다쇠오리는 물이 깊은 해안가에서 10여 마리 안팎의 무리를 이루어 사나 번식기인 4월부터 5월 말까지는 해안에서 보기가 매우 드물며, 사람이 잘 드나들지 않는 작은 무인도 등에 보금자리를 만든다.

흑로는 남해안의 인적이 드문 바닷가에서 볼 수 있으며 주로 거제도, 완도, 추자도, 제주도, 흑산도 등의 암벽에서 번식하며 우리나라에는 제주도 하도리 양어장이나 서귀포 천지연 폭포 해안에서 가장 쉽게 볼 수 있다.

섬참새는 예전에는 겨울에 경주와 포항 국도변의 과수원 등에서 볼 수 있었으나 최근에는 거의 사라졌으며 현재는 울릉도 등에서만 볼 수 있고, 울도큰오색딱다구리도 울릉도의 사동을 비롯한 고목이 많은 산림에서 매우 드물게 볼 수 있다.

흑비둘기는 동해의 울릉도, 남해안의 추자군도의 사수도, 완도, 조도, 소흑산도 등 외딴섬의 후박나무가 있는 상록수림이 우거진 곳에서 산다.

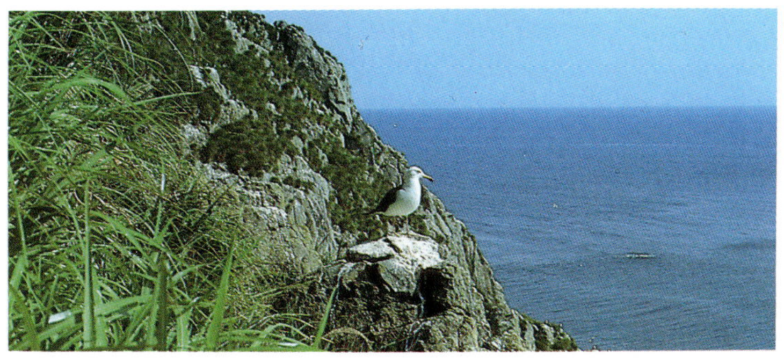

괭이갈매기

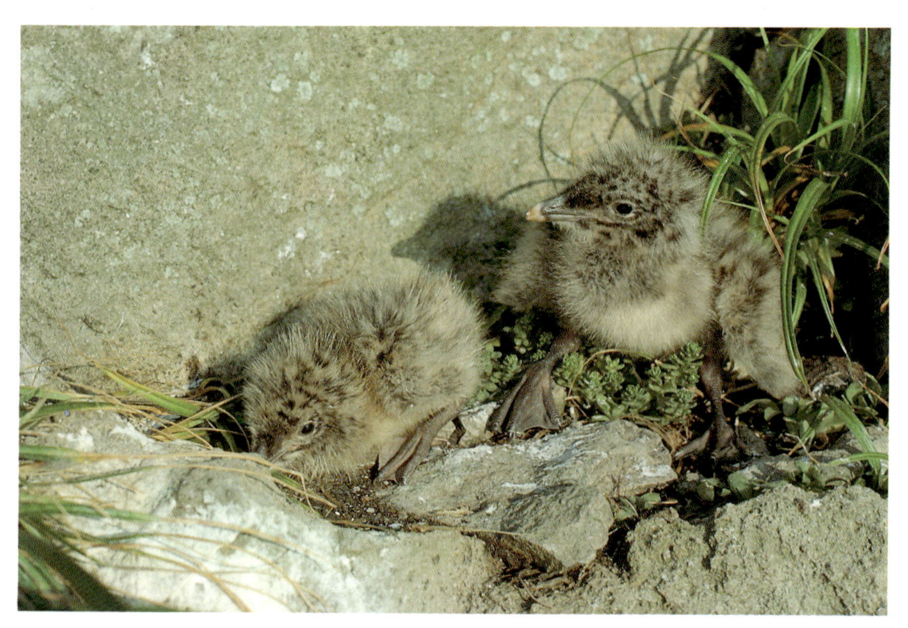

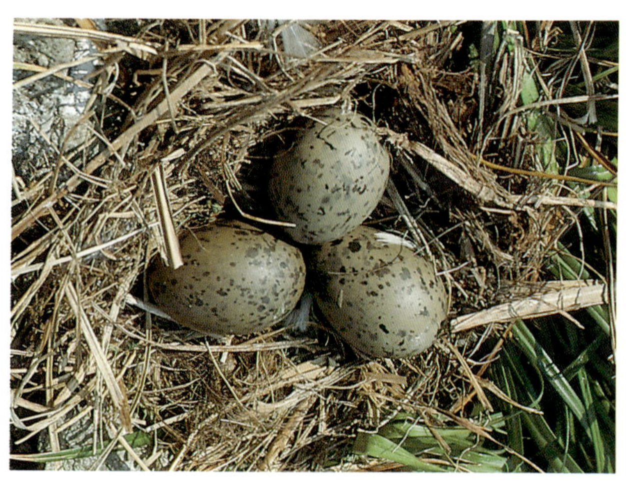

76 바닷가나 섬에 사는 텃새

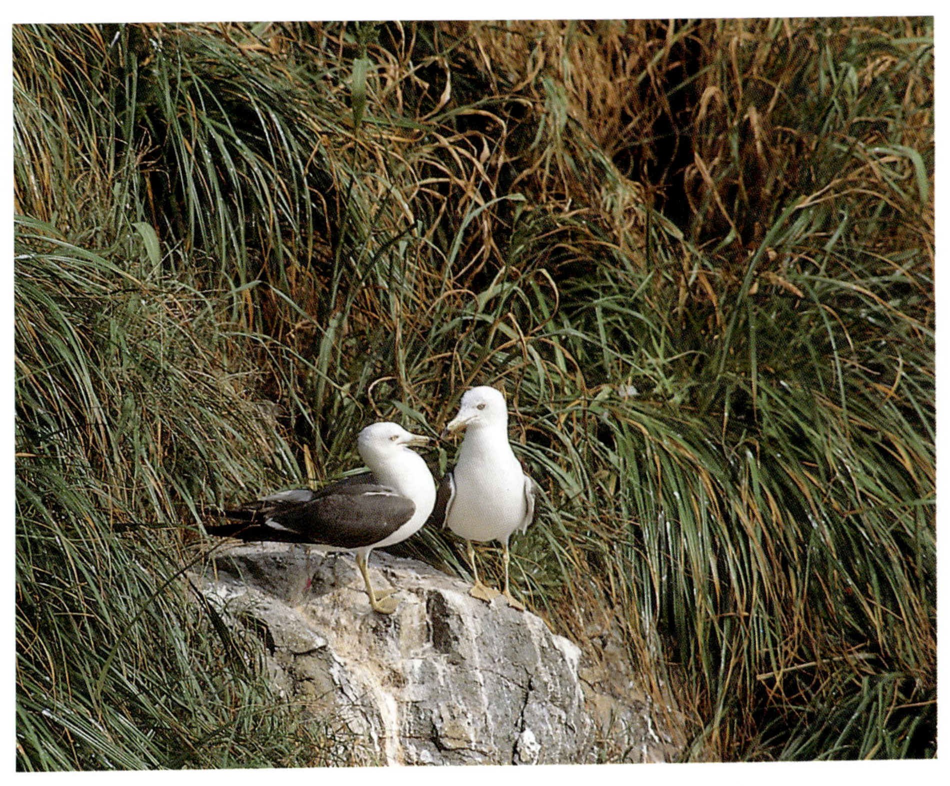

괭이갈매기 (영명) Black-tailed Gull (학명) *Larus crassirostris*   VIEILLOT

갈매기과에 속하는 종으로 우리나라에서는 번식기인 5, 6월을 제외하고 항상 볼 수 있는 텃새이다. 울음소리가 고양이와 비슷하여 '괭이갈매기'라는 이름이 지어졌다. 몸 길이는 약 46.5센티미터로 중형에 속한다. 어깨와 등의 어두운 회색을 제외하고는 모두 흰색이며 다리는 황색이다. 어린 새끼를 제외하고 날개를 펴면 꽁지 끝에 검은 띠가 있다. 부리의 위아래는 붉은색과 검은색으로 되어 있으나, 어린 새끼의 경우는 흑갈색이다.

주로 바닷가, 강 하구, 무인도 등지에서 산다. 둥우리는 암초의 움푹 파인 곳에다 짓고 2 내지 4개의 알을 낳는다. 먹이로는 어류, 곤충류 중에서 파리, 음식 찌꺼기 등을 즐겨 먹는다.

우리나라에서는 동해안의 독도, 남해안의 충무 앞바다나 홍도, 서해안 군산 앞바다의 말도, 격렬비열도 부근에서 볼 수 있다. (왼쪽 위, 아래, 오른쪽)

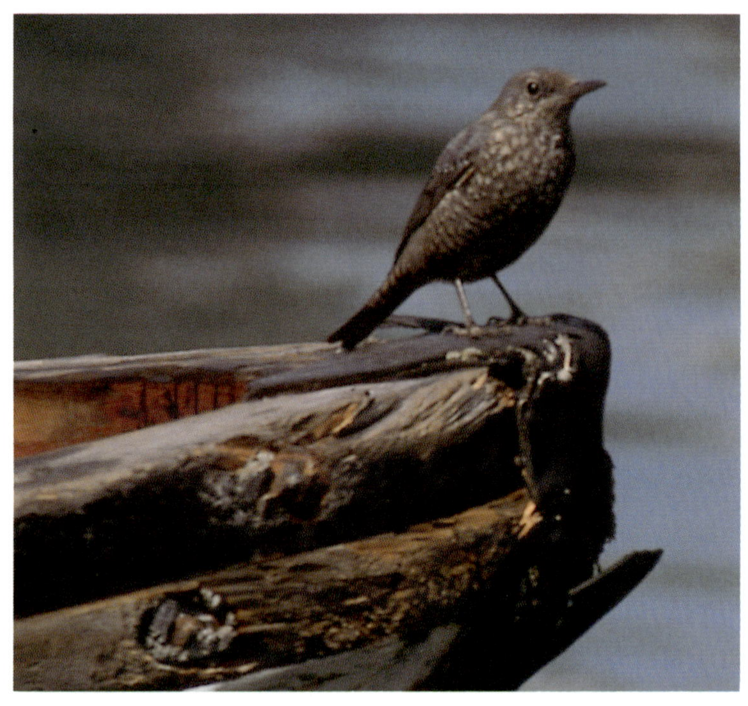

바다직박구리 (영명) Blue Rockthrush (학명) *Monticola solitarius philippensis* MÜLLER

딱새과에 속하는 종으로 우리나라에서 흔히 볼 수 있는 텃새이다.

몸 길이는 약 25.5센티미터로 대형에 속한다. 암수의 깃털은 다르다. 수컷의 이마에서 뒷목까지는 검은색이다. 윗가슴, 등, 꽁지는 진한 청색이고 아랫가슴과 배는 흐린 밤색이다. 수컷의 부리는 검은색이고, 암컷의 부리와 다리는 어두운 갈색이다. 또한 암컷의 등은 푸른빛을 띠는 검은색이며 아랫가슴과 배의 깃끝이 흑갈색으로 수컷과 다르다.

주로 바닷가에서 살며 둥우리는 바닷가 바위틈에다 짓고 6개 정도의 알을 낳는다. 번식기가 되면 수컷은 해안가의 바위나 나무꼭대기 위에서 아름다운 소리로 지저귄다. 먹이로는 곤충류를 즐겨 먹는다.

우리나라 전국의 해안가 어디에서나 쉽게 볼 수 있으며 더러는 해안과 가까운 내륙 지방에서도 볼 수 있다. (왼쪽, 오른쪽)

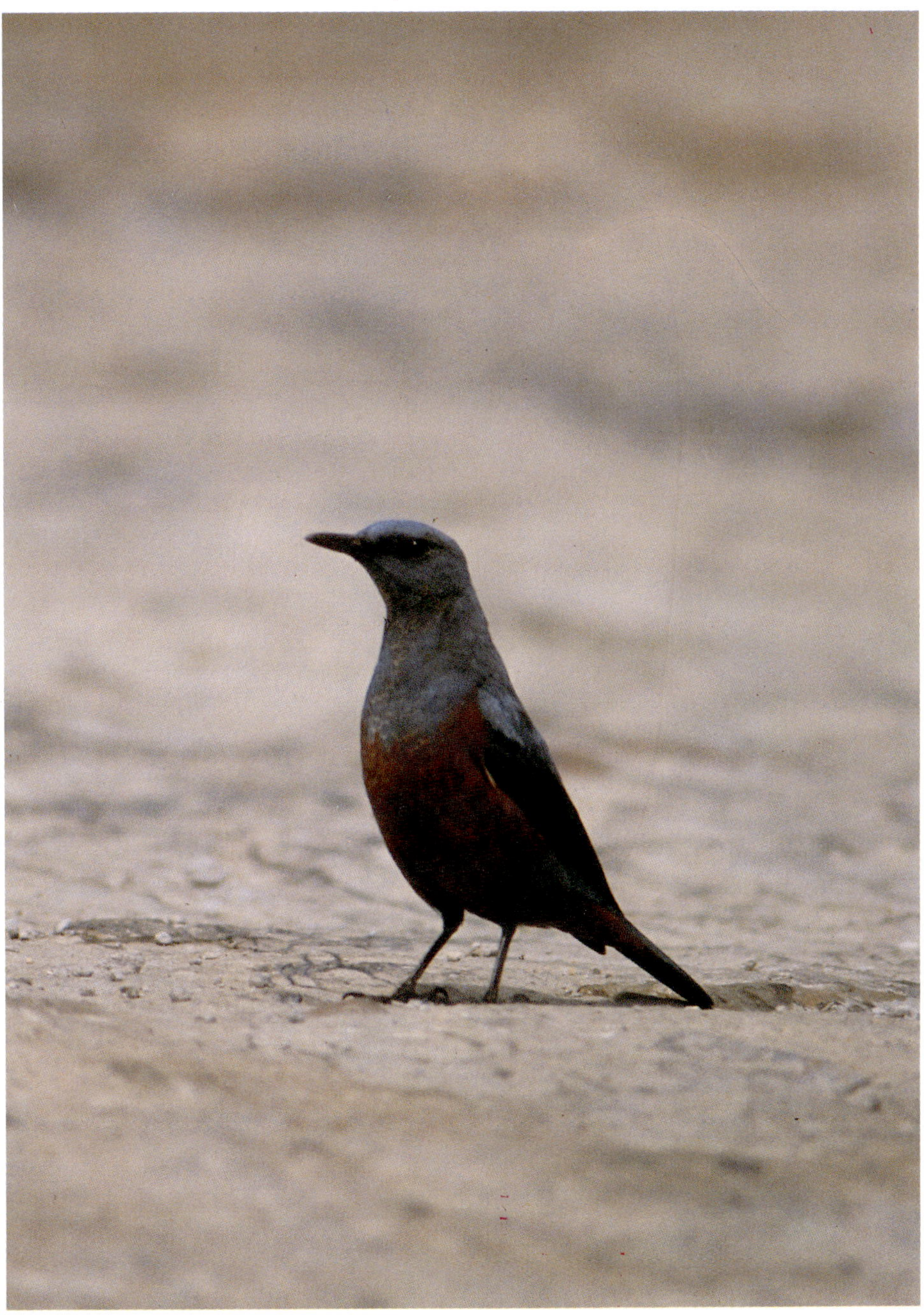

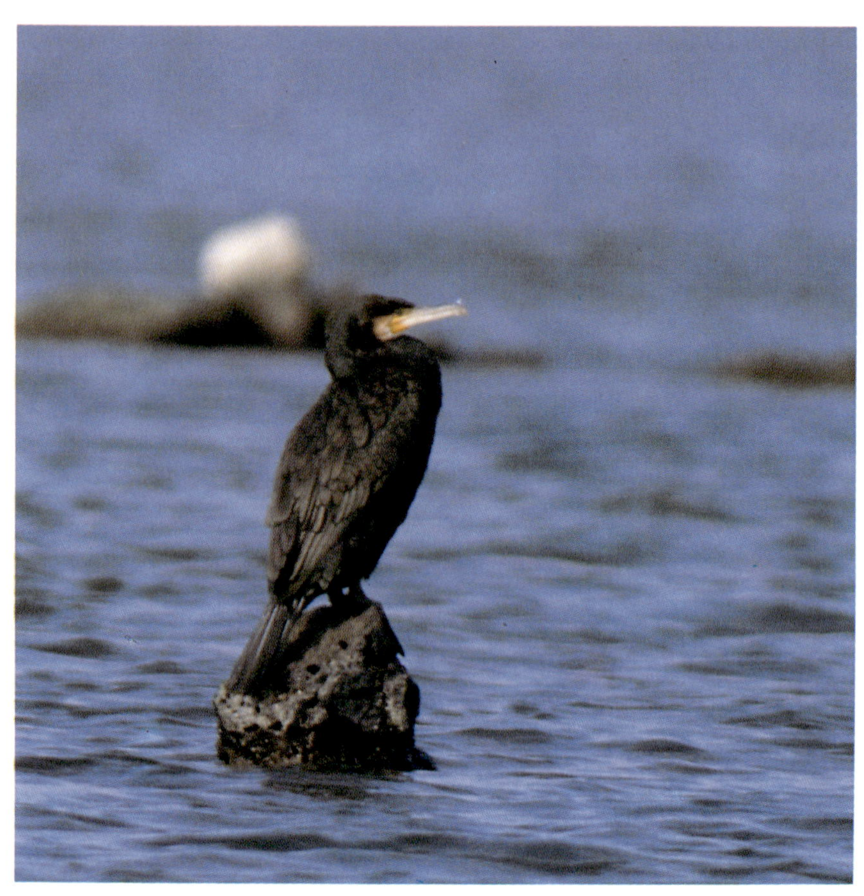

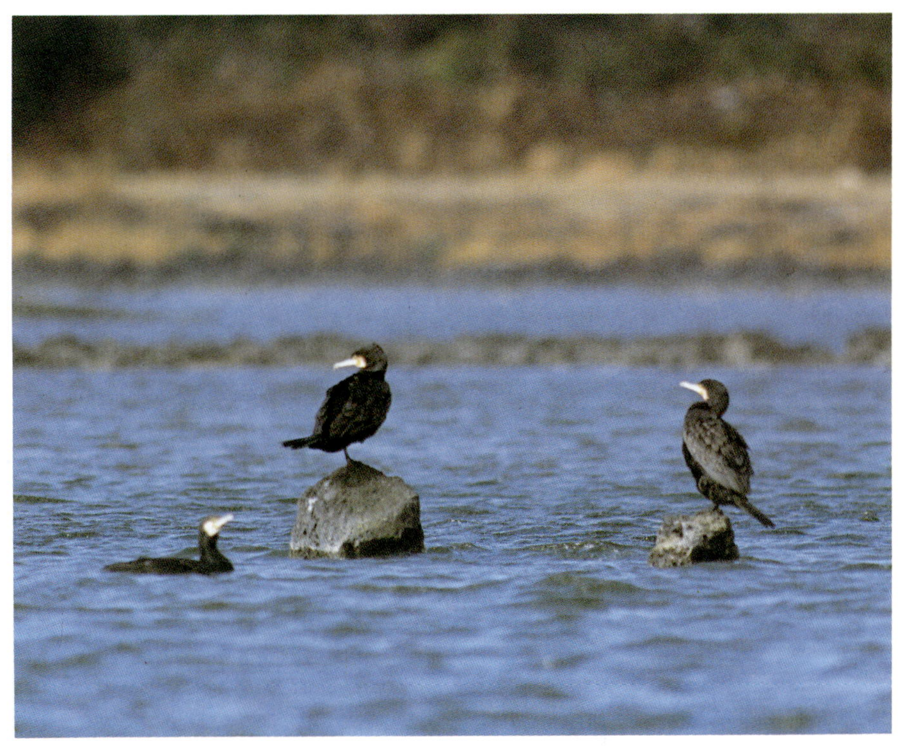

가마우지 （영명） Temminck's Cormorant

（학명） *Phalacrocorax filamentosus* （TEMMINCK & SCHLEGEL）

가마우지과에 속하는 큰 종으로 가을에 우리나라를 찾아와서 겨울을 지내고 다음해 3월에 번식지인 북녘 땅으로 떠나는 겨울 철새이다. 그러나 일부는 해안에서 떨어진 큰 암초나 무인도에서 일년 내내 볼 수도 있다. 해안의 어부들 사이에서는 일명 '물까마귀'로 불린다.

몸 길이는 약 84센티미터이며 온몸이 검은색이다. 구부러진 부리는 흑갈색이며 다리는 검은색으로 4개의 발가락 사이에 물갈퀴가 있다.

강 하구나 바닷가에서 홀로 혹은 무리를 지어 산다. 둥우리는 암초나 바위 절벽의 오목한 부분에다 짓고 4, 5개의 알을 낳는다. 먹이로는 어류 등을 즐겨 먹는다.

우리나라 겨울철에 부산 낙동강 하구, 제주도 성산포 부근이나 동해안과 남해안의 무인도에서 흔히 볼 수 있다. (왼쪽, 오른쪽)

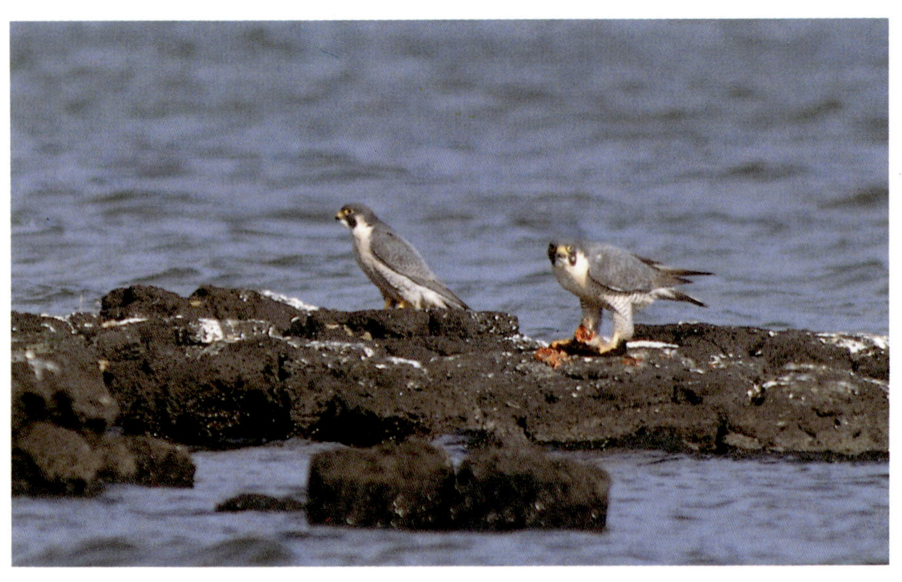

매 (영명) Falcon (학명) *Falco peregrinus japonensis* GMELIN

　매과에 속하는 종으로 우리나라에서는 동해, 서해, 남해 등 바닷가에서 주로 볼 수 있으나 대부분 거제도, 제주도, 완도, 진도, 흑산도, 백령도 등의 바닷가 암벽에 서식하는 새이다.

　몸 길이는 암수에 따라 차이가 나며 수컷에 비해 암컷이 크다. 수컷의 몸 길이는 약 38센티미터, 암컷은 51센티미터이다. 머리 꼭대기와 빰의 깃털 등은 암수 모두 거의 검은색이다.

　턱밑은 희며 가슴과 배는 때묻은 흰색에 옆으로 검은색의 줄이 있다. 그러나 어린 매는 가슴에 검은 세로 점선무늬가 있어 어미와 구별된다.

　번식은 4월에서 8월 말까지이며 보금자리는 해안가의 높은 벼랑의 바위틈에 있으며 매년 같은 둥우리를 사용하며, 보금자리 주변은 멀리서 보아도 흰 배설물 때문에 쉽게 찾을 수 있다.

　보금자리는 바닷가, 시야가 좋은 암벽 꼭대기에서 관찰되며, 바닷가 상공에서 날아다니며 꿩, 지빠귀 등의 들새를 잡아먹고 산다.

　그러나 봄가을 철새들의 통과 시기에는 동해안이나 서해안의 상공에서 1, 2마리의 적은 수가 날아다니는 것을 쉽게 볼 수 있으며, 우리나라의 매의 번식지는 거제도 해금강의 바닷가 높은 암벽과 매년 번식하는 서해 북방 대청도 해안 등지이다. 천연기념물 제323호이다.

재갈매기　（영명） Herring Gull　（학명） *Larus argentatus vegae*　PALMEN

　갈매기과에 속하는 대형의 종으로 우리나라에는 갈매기 무리와 함께 10월부터 찾아
오기 시작하여 다음해 3월에 번식지인 북녘 땅으로 가는 겨울 철새이다.

　몸 길이는 약 60센티미터이며 암수의 깃털은 거의 동일하다. 머리 꼭대기부터 등까지
는 갈색의 작은 얼룩무늬가 흩어져 있고 가슴, 배는 흰색이다. 부리는 상아색으로
아랫부리의 끝은 붉은색이며 다리는 살색이다.

　주로 강 하구나 해안의 개펄, 바닷가 주변에서 산다. 둥우리는 수초의 줄기, 마른
풀로 짓고 2 내지 3개의 알을 낳는다. 먹이로는 죽은 동물, 해조류의 알, 어류 등을
즐겨 먹는다.

　우리나라에서는 겨울철에 동해안의 항구, 낙동강 하구의 갯벌이나 모래밭에서 흔히
볼 수 있다. 최근에는 한강에서 계절과 무관하게 40 내지 50마리를 관찰할 수 있다.

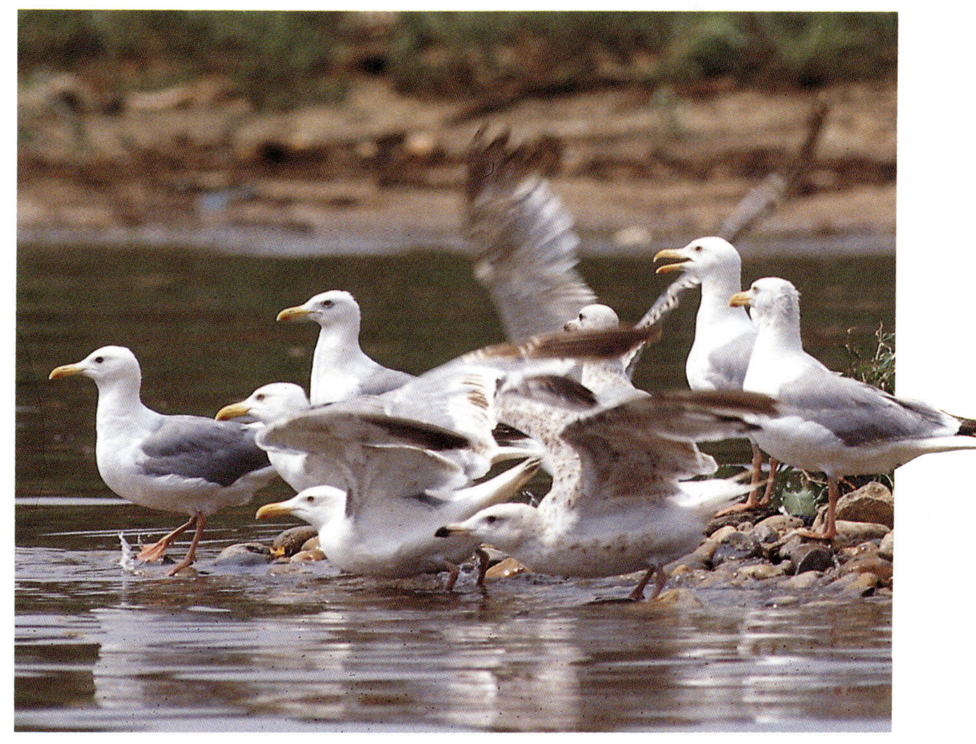

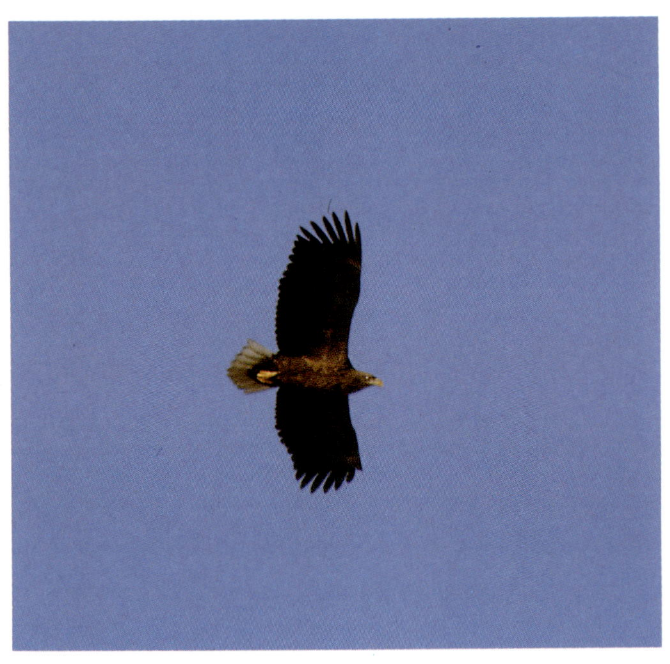

흰꼬리수리 （영명）White-tailed Eagle （학명）*Haliaeetus albicilla* （LINNAEUS）
수리과에 속하는 종으로 우리나라의 텃새이다.
몸 길이는 수컷이 약 80센티미터, 암컷이 약 95센티미터로 대형에 속한다. 날개의
길이는 약 180 내지 230센티미터 정도이다. 몸 전체의 깃은 흑갈색이며 꽁지는 흰색
이나 어린새의 경우는 검은색이다. 부리는 흐린 노랑색이고 다리는 노랑색이다.
바닷가 절벽, 강 하구, 내륙 지방의 평야에서 주로 산다. 둥우리는 나뭇가지를 두껍게
쌓아서 짓고 2개 정도의 알을 낳는다. 먹이로는 어류를 즐겨 먹고 더러는 산토끼나
쥐도 먹는다.
우리나라에서는 동해안의 경포호수, 경남 거제도 해금강의 장승포 해안, 거문도, 제주
도의 성산포 양어장, 서울의 한강, 한강 하류의 김포군 하성면에서 볼 수 있다. 천연
기념물 제243호이다.

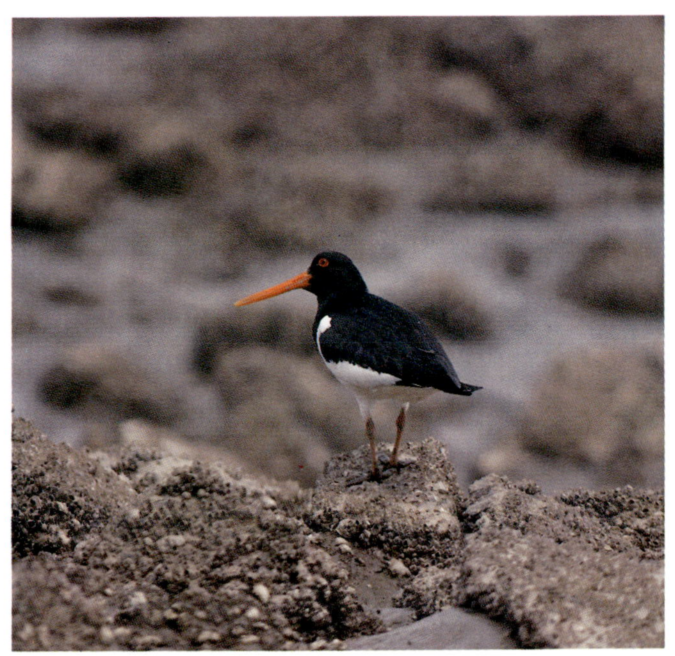

검은머리물떼새 　(영명) Oystercatcher

(학명) *Haematopus ostralegus osculans*　SWINHOF

검은머리물떼새과에 속하는 종으로 소수의 무리가 우리나라 서해안의 무인도에서 번식하는 텃새이다. 갯벌의 까치와 비슷하여 일명 '물까치'라고도 불린다.

몸 길이는 약 45센티미터이며 암수의 깃털이 거의 동일하다. 흰색인 아랫가슴과 배를 제외하고는 모두 검은색이다. 부리와 다리는 진한 오렌지색과 붉은색을 띠며, 부리의 끝은 검은색이다.

주로 무인도의 암초, 해안의 자갈밭, 하구의 삼각주에서 살며 을숙도에서 겨울을 지내기도 한다. 둥우리는 암초 위에 오목하게 들어간 곳에다 짓고 2, 3개의 알을 낳는다. 먹이는 긴 부리로 갯벌에서 수서 동물을 잡아먹는다.

우리나라에서는 매년 5월 초순에 경기도 강화군 삼산면 매음리 앞 대송도에 1, 2쌍이 번식하는 것을 볼 수 있다. 천연기념물 제326호이다.

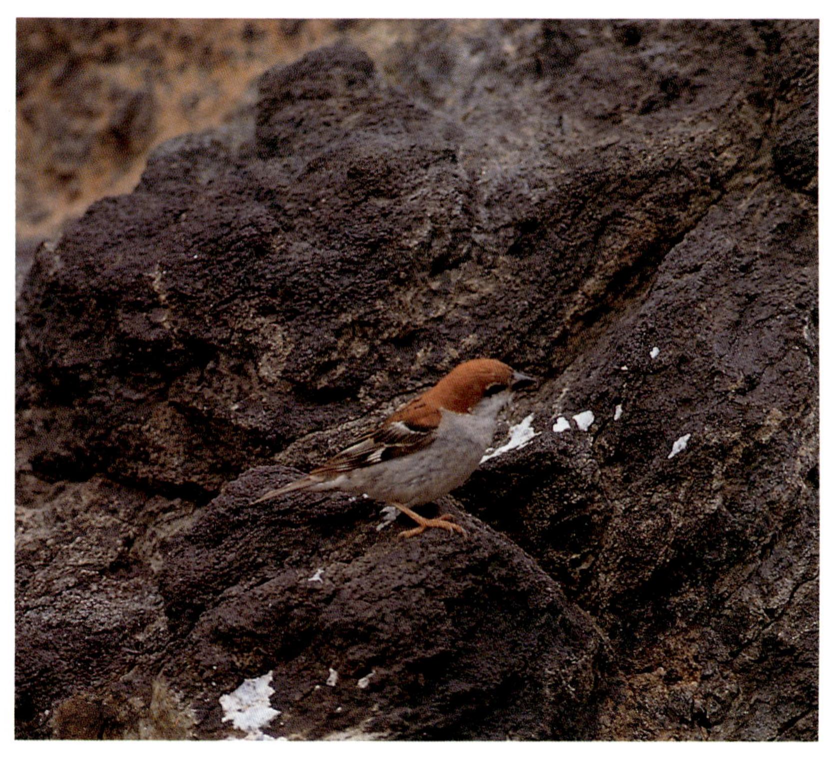

섬참새 （영명）Russet Sparrow （학명）*Passer rutilans rutilans* （TEMMINCK）

참새과에 속하는 종으로 우리나라의 흔한 텃새이다. 울릉도나 제주도에서 주로 서식한다고 하여 '섬참새'라고 불린다.

몸 길이는 약 14센티미터로 참새보다 약간 작다. 참새와 비슷하게 생겼으나 참새의 깃털보다 약간 밝으며 암수의 깃털은 다르다. 수컷의 머리, 등은 흐린 밤색이며 등에는 검은색의 세로 얼룩무늬가 있다. 암컷은 회색을 띠는 갈색이다. 턱밑에는 약간의 검은색이 있고 암컷은 턱밑에 회색줄이 있다. 뺨, 가슴, 배는 때묻은 회색을 띠고 있다. 암컷은 다소 황갈색을 띤다. 부리와 다리는 갈색이다.

주로 인가 주변의 과수원, 경작지 등에서 산다. 둥우리는 나무 위의 자연 구멍 속이나 인가를 이용하여 짓고 5 내지 7개의 알을 낳는다. 먹이로는 농작물인 쌀, 조, 피 등을 즐겨 먹는다.

우리나라의 울릉도 지역에서 흔히 볼 수 있으며 제주도, 포항 근처의 안강 등에서도 눈에 띈다.

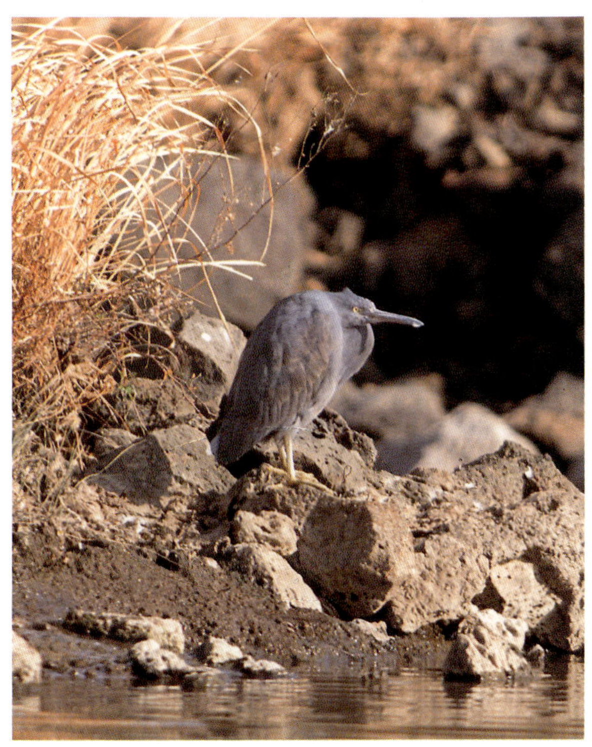

흑로　（영명）Eastern Reef Heron　（학명）*Egretta sacra sacra*　（GMELIN）
백로과에 속하는 소형의 종으로 우리나라의 텃새이다.
몸 길이는 약 62센티미터로 쇠백로보다 약간 크다. 몸 전체의 깃은 진한 회색과 검은
색이며 눈은 노랑색을 띠고 있다. 부리는 검은색이며 다리는 노랑색이다. 전체적으로
검은색을 띠고 있어 쉽게 구별할 수 있다.
남해안 도서의 바닷가 절벽, 암초 등에서 단독으로 생활하며 1, 2마리 정도는 연중
볼 수 있다. 둥우리는 무인도의 암초나 나무 위에다 짓고 보통 3개의 알을 낳는다.
먹이로는 작은 물고기, 갑각류, 조개가 대부분이다.
우리나라에서는 제주도 성산포 부근의 종달리 저수지, 거제도 동쪽 해안의 절벽,
전남 완도, 진도, 조도 부근의 바닷가에서 볼 수 있다.

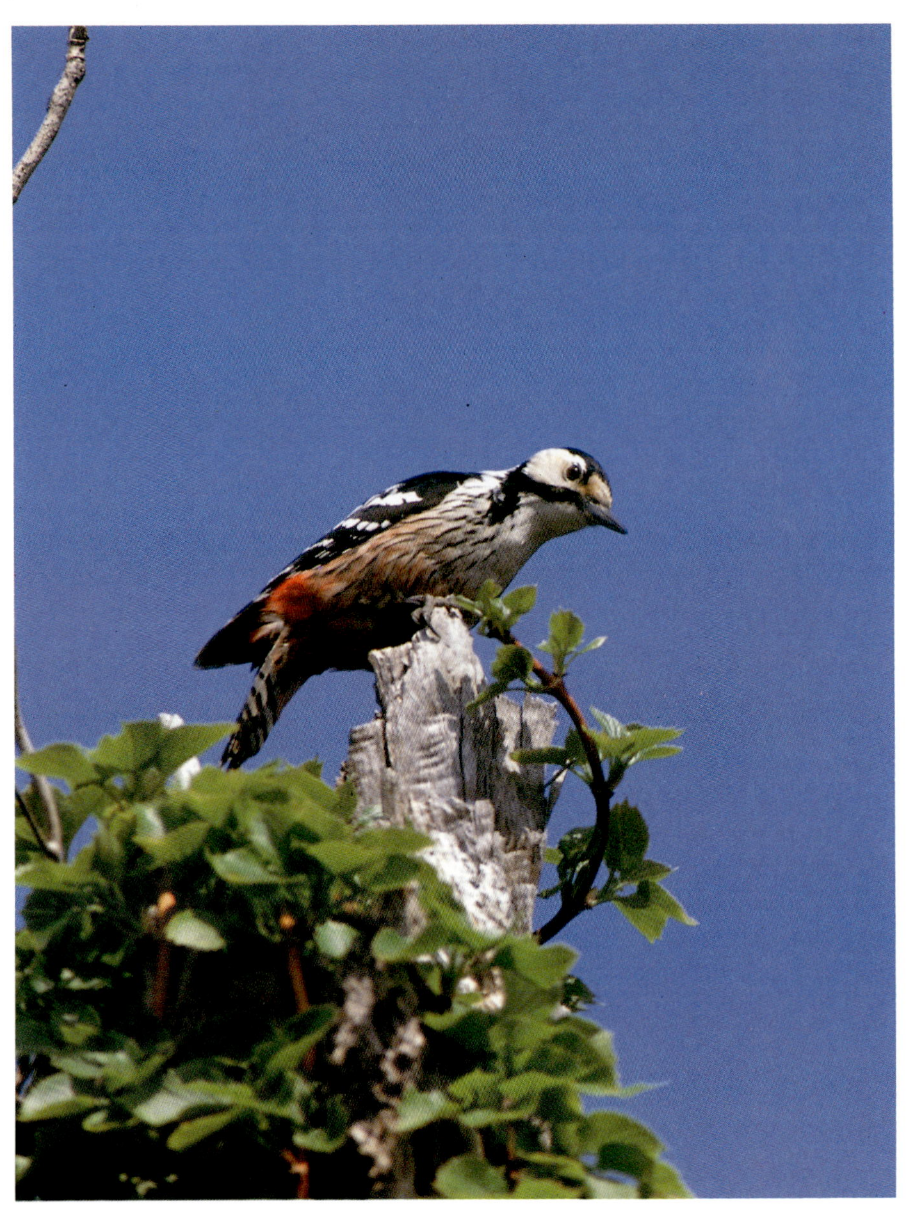

88 바닷가나 섬에 사는 텃새

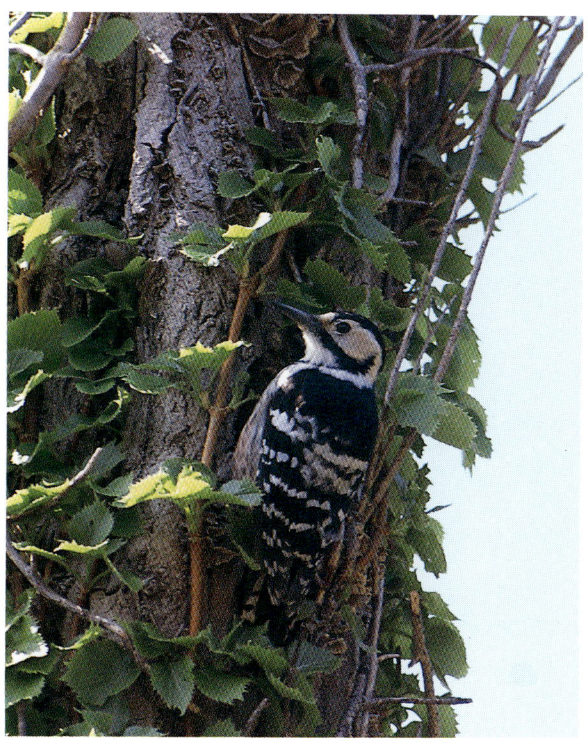

울도큰오색딱다구리　(영명) Dagelet White-back Woodpecker
(학명) *Dendrocopus leucotos takahashii*　(KURODA & MORI)
딱다구리과에 속하는 종으로 우리나라에는 동해안의 외딴섬인 울릉도에만 사는 섬
특유의 조류이다.
몸 길이는 약 26센티미터이며 큰오색딱다구리보다 약간 작으며, 강한 부리와 머리,
등, 꼬리는 검은 깃털을 가지고 있고 가슴은 때묻은 흰색에 긴 반점이 나 있다.
큰오색딱다구리와 구분되는 것은 수컷의 머리 위의 붉은 깃털이 눈위부터 나 있고,
아래 복부의 붉은 깃털이 가슴의 깃털까지 붉은 점이다.
울릉도에서 겨울에 눈이 많이 오게 되면 마을 부근이나 밭 근처의 고목나무 등에
찾아오며, 번식기인 4월에는 간혹 인가 근처의 고목나무에서 번식하는 것을 볼 수
있다.
울도큰오색딱다구리는 큰오색딱다구리에 속하는 아종으로서 울릉도에만 산다.
(왼쪽, 오른쪽)

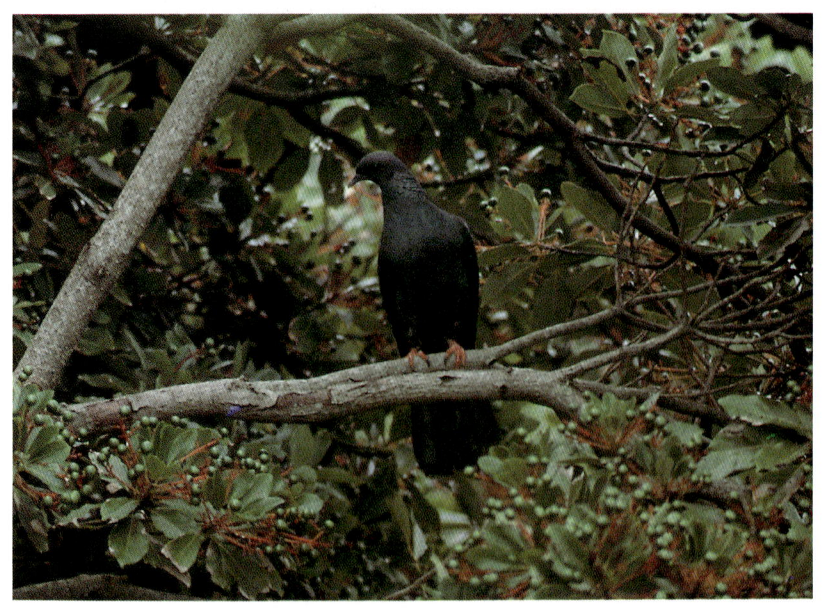

흑비둘기 　（영명） Japanese Wood Pigeon
　（학명） *Columba janthina janthina*　TEMMINCK
비둘기과에 속하는 가장 큰 종으로 우리나라의 텃새이다. 울릉도에서는 일명 '흑구'
또는 '뼈꿈새'라고 불린다. '흑구'라는 이름은 깃털의 색에서, 뼈꿈새는 울음소리에서
각각 유래되었다.
몸 길이는 약 40센티미터로 멧비둘기보다 크고 육중하다. 암수의 깃털이 동일하며
전체적으로 검은색을 띠고 있다. 부리는 어두운 청색이고 다리는 붉은색이다.
주로 육지와 멀리 떨어진 후박나무숲에서 산다. 둥우리는 상록수나 활엽수의 높은
나뭇가지 위에 짓고 1개의 알을 낳는다. 먹이로는 식물의 씨나 열매를 즐겨 먹는다.
우리나라에서는 울릉도 사동의 사당에서 매년 8월을 전후하여 30여 마리를 볼 수
있다. 천연기념물 제215호이다.

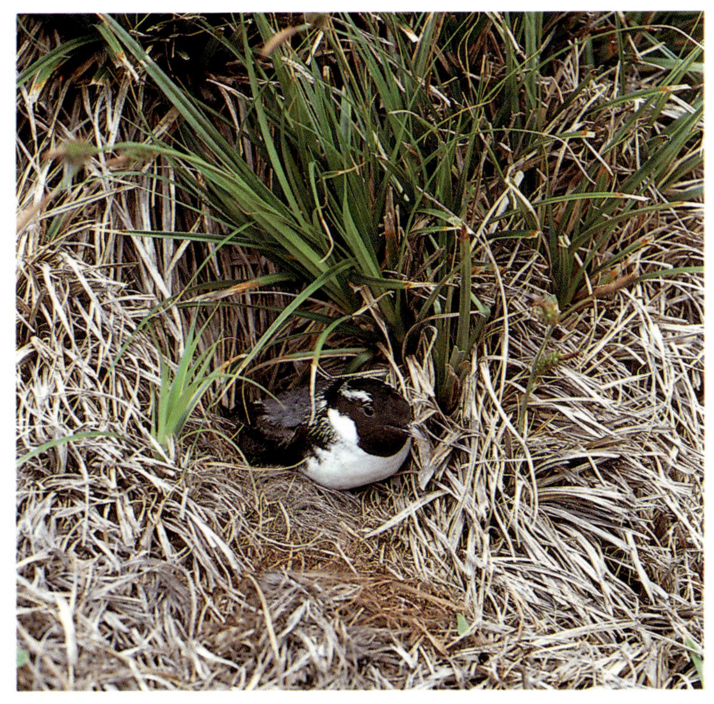

바다쇠오리　（영명）Ancient Murrelet　（학명）*Synthliboramphus antiquus*　（GMELIN）
　바다오리과에 속하는 종으로 우리나라에는 동해와 서해, 남해 등 항구나 해안, 외딴 도서 지방에서 사는 4계절 볼 수 있는 바다에 사는 텃새이다.
　몸 길이는 약 25.5센티미터이며 오리와 비슷하며 번식기를 제외하고는 항시 작은 무리를 지어 바닷가의 깊은 바다에서 산다.
　짧은 부리와 머리는 검은색이고 등은 흐린 회색을 띠었다. 목밑, 가슴, 배는 흰색을 띠고 있으며 번식기인 봄에는 머리 양옆에 흰 깃털이 난다.
　우리나라에서는 동해안의 작은 무인도, 남해안의 거제도 앞바다 등의 무인도, 전남 남, 서해의 무인도, 서해의 백령도 부근의 작은 무인도 등에 수백 마리가 상륙하여 풀뿌리 밑에 구멍을 파거나 바위 밑 구멍 등에 2개의 알을 낳아 번식한다.
　우리나라의 대표적인 바다쇠오리의 번식지는 전라남도 신안군 소흑산도의 구쿨도와 비금도 부근의 칠발도이며, 매년 4월 말경에 수천 마리의 바다쇠오리가 상륙하여 집단 번식하고 있다.
　이곳 구쿨도(천연기념물 제341호)와 칠발도(천연기념물 제332호)는 우리나라의 해조류 집단 번식지로 정부에서는 천연기념물 보호 구역으로 지정 보호하고 있다.

남해안과 제주도에서 겨울을
나는 여름 철새

우리나라의 중부 지방을 비롯한 전지역에서 봄부터 10월까지 흔히 볼 수 있는 여름 철새로 매년 겨울 경남, 전남, 제주도 등 일부 도서 지방에서 추운 겨울에도 볼 수 있는 새들을 여기에 소개하고자 한다.

강남을 가지 않고 매년 겨울을 나고 있는 조류는 대부분 물새이며, 그 밖의 종은 남부 지방의 상록수림에서 겨울을 나고 있다. 여름 철새로 잘 알려진 밀화부리는 여름 동안 중부 지방을 중심으로한 지역에서 번식하고 10월 말이면 거의 자취를 감추나 추운 겨울 제주도의 삼성혈에는 40 내지 50여 마리의 밀화부리들이 겨울을 나고 있다.

호랑지빠귀와 흰배지빠귀는 남향인 상록수림에서 흔히 볼 수 있고 찌르레기는 무리를 지어 경남, 전남, 제주도 등에서 흔히 볼 수 있다. 알락할미새는 제주도 시내의 큰 나무에서 추운 겨울에 많은 무리가 겨울을 나고 있으며 해오라기는 제주도의 하도리 양어장 주변에서도 어린 새끼들이 겨울을 나며, 경기도 수원 서울농대 교정 안의 송림에서 15마리 정도가 겨울을 나고 있다.

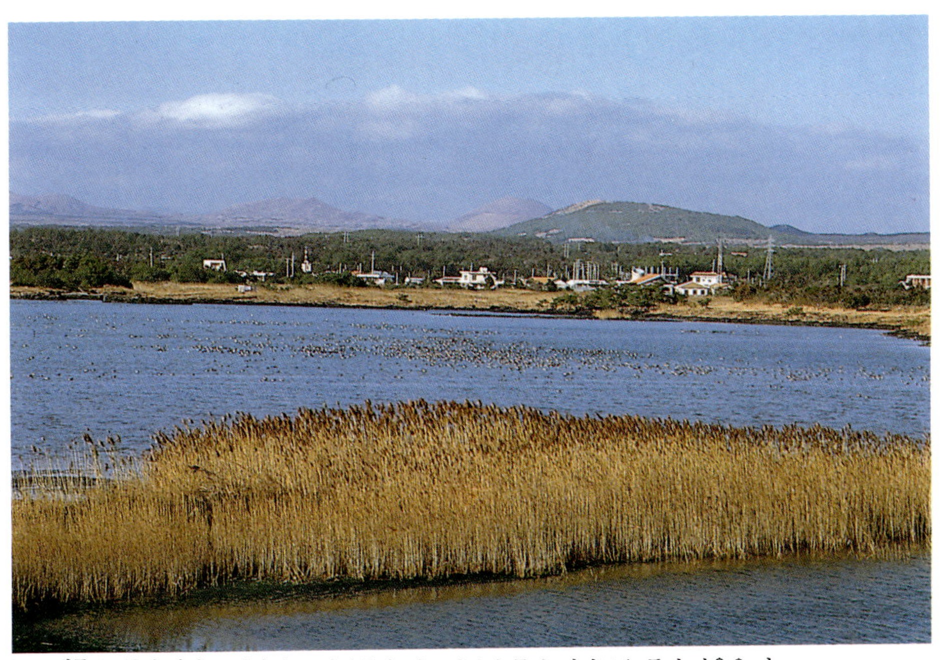

제주도, 특히 성산포 해안에는 철새들과 나그네새인 물닭, 깝작도요 등이 겨울을 나고 있다.

그 밖에 물총새, 쇠백로, 깝작도요, 물닭 등도 경남, 전남, 제주도 등지의 큰 저수지, 주변의 습지에서 적은 수가 관찰되며 이 가운데 쇠백로는 경남 의창군 주남 저수지에서 매년 겨울 약 100마리 이상이 겨울을 나고 있다.

이상의 조류들이 겨울을 남부 지방에서 지내는 이유로는 이동중 낙오된 무리가 대부분일 것이고 또한 최근 지구의 온실화가 되므로 일부 무리들이 남부 지방에서 겨울을 나고 있다. 그러나 여름 철새들이 우리나라에서 겨울을 나는 이유에 대해서는 보다 과학적인 연구가 있어야 할 것이다.

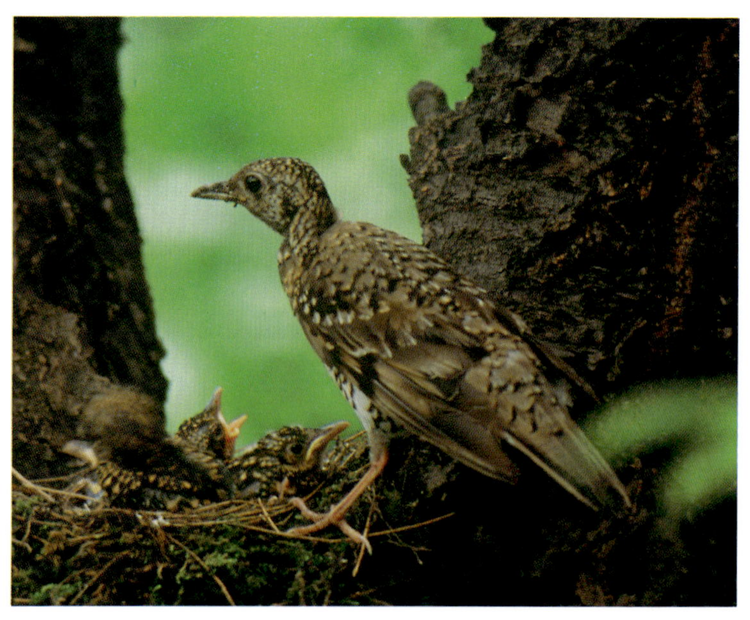

호랑지빠귀　（영명）White's Ground Thrush
　（학명）*Turdus dauma aureus*　HOLANDRE

지빠귀아과에 속하는 종으로 우리나라에서 여름을 지내고 가을에 강남 지방으로
가는 여름 철새이다.

몸 길이는 약 30센티미터이며 암수의 깃털은 거의 동일하다. 머리 꼭대기에서 꽁지까
지는 흑갈색으로 각 깃의 끝은 황색이며 가슴, 옆구리는 황갈색으로 각 깃의 끝에는
검은색의 반달점이 있다. 배는 흰색으로 검은 얼룩점이 약간 있다. 윗부리는 갈색이
고 아랫부리는 황색이며, 다리는 흐린 황갈색이다.

주로 낙엽활엽수림이나 잡목림 속에서 산다. 둥우리는 이끼류나 마른 가지를 이용하
여 나뭇가지 위에다 짓고 4, 5개의 알을 낳는다. 먹이는 동물성이 주가 되며 식물의
열매도 종종 먹는다.

우리나라의 전역에서 흔히 볼 수 있다.

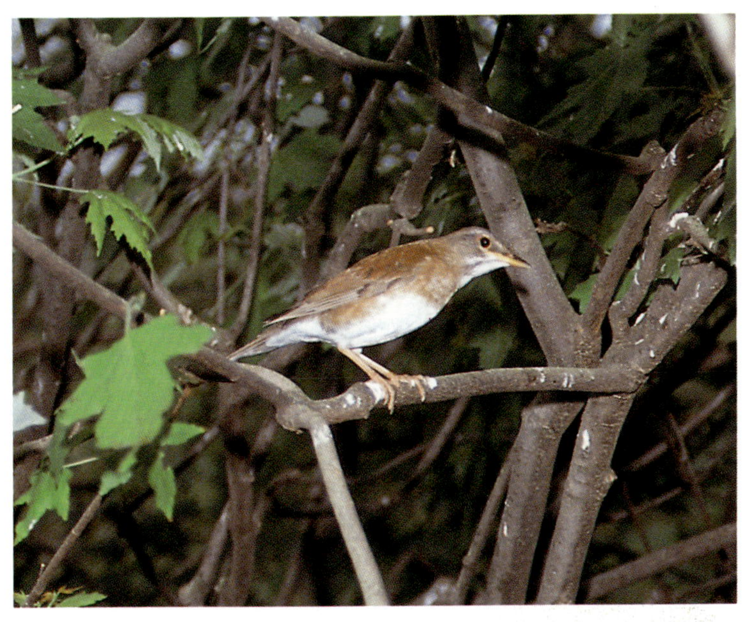

흰배지빠귀　（영명）Pale Thrush　（학명）*Turdus pallidus*　GMELIN

　지빠귀아과에 속하는 종으로 우리나라에서 여름을 지내고 가을에 강남 지방으로 가는 여름 철새이나, 일부는 남해 도서 지방에서 월동한다.
　몸 길이는 약 24센티미터이며 암수의 깃털은 약간 다르다. 수컷의 머리 꼭대기는 약간의 올리브색을 띤 진한 회색이며 등과 어깨는 붉은 올리브 갈색이다. 암컷은 수컷에 비해 붉은빛이 적은 올리브 갈색이다. 턱밑은 흰색이며 가슴과 배 옆은 올리브 잿빛 갈색이고 배의 중앙은 흰색이다. 부리는 갈색이고 다리는 황색이다.
　둥우리는 나뭇가지 위에다 밥그릇 모양으로 짓고 4 내지 5개의 알을 낳는다. 먹이로는 곤충류, 식물의 종자를 즐겨 먹는다.
　우리나라의 전역에서 흔히 볼 수 있다.

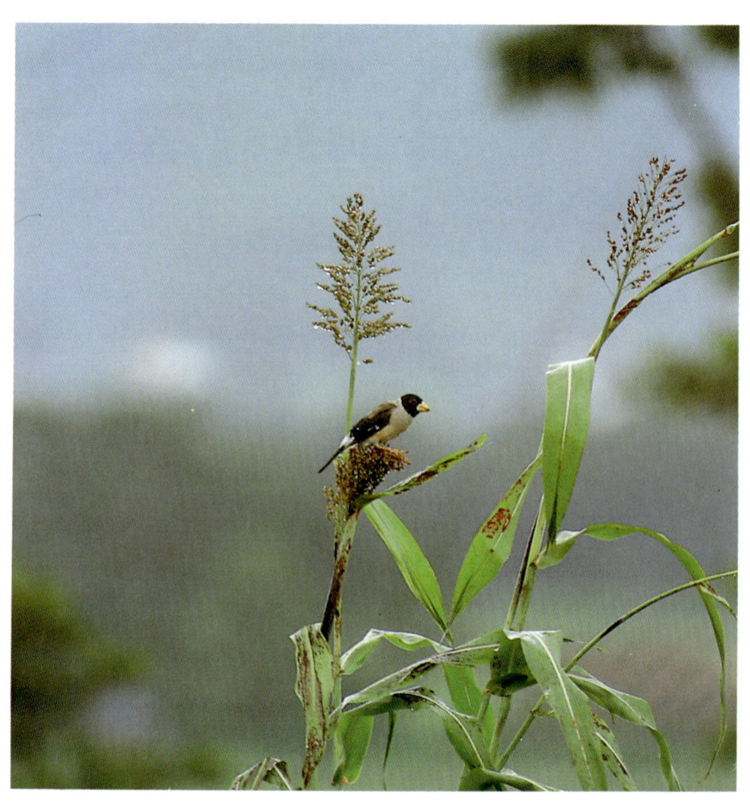

밀화부리　(영명) Chinese Grosbeak　(학명) *Eophona migratoria migratoria*　HARTERT
되새과에 속하는 대형의 종으로 우리나라의 중부 이북 지방에서는 여름 철새이나,
제주도 지방에서는 작은 무리가 겨울을 지낸다.
몸 길이는 약 18.5센티미터이며 암수의 깃털은 약간 다르다. 수컷의 머리는 광택있는
검은색이고 암컷은 회색이다. 수컷의 목과 윗등은 갈색을 띠는 회색이며 아랫등은
검은색인데 암컷은 회색이다. 가슴은 회색이며 배는 때문은 흰색이다. 암컷은 수컷에
비해 전체적으로 흐린 색을 띤다.
주로 도시의 주변, 활엽수와 침엽수의 숲에서 살며 울음소리가 아름다워 사육조로
많이 기르는 새이다. 여름의 먹이는 곤충류이며 겨울에는 종자나 곡류 등을 먹는다.
우리나라의 전역에서 흔히 볼 수 있는 새이다.

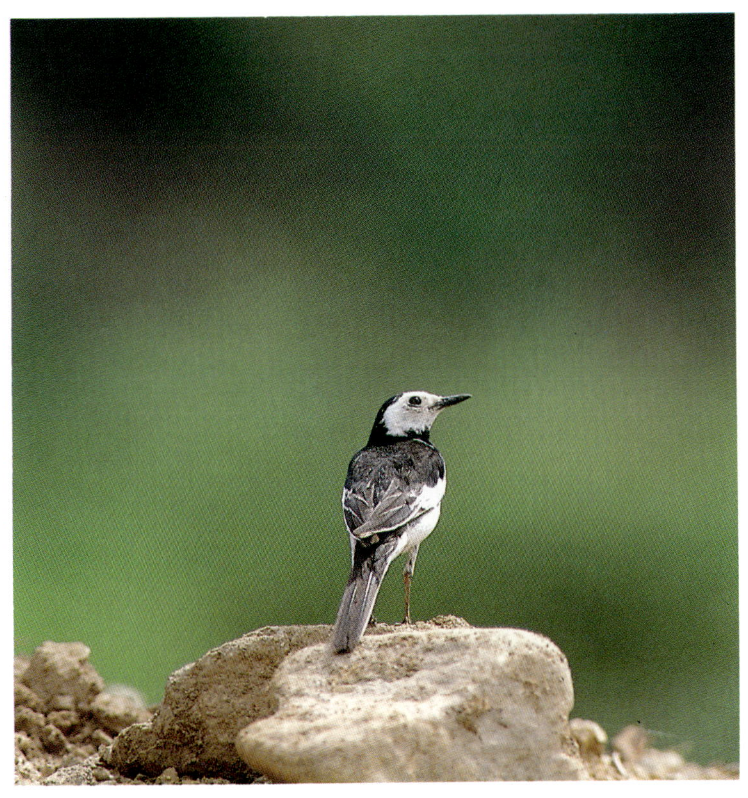

알락할미새 (영명) White-faced Wagtail (학명) *Motacilla alba leucopsis* GOULD
할미새과에 속하는 종으로 서울을 중심으로 한 중부 지방에서는 여름 철새이나 중부
이남 지방에서는 적은 무리가 월동을 한다.
몸 길이는 약 21.5센티미터이며 전체적으로 흰색과 검은색을 띠고 있다. 이마, 머리,
옆, 턱밑, 배는 흰색이며 머리 꼭대기부터 허리까지와 가슴은 검은색이다. 꽁지에는
흰색과 검은색이 어울려 있다. 부리와 다리는 검은색이다.
개울가, 하천가, 농경지, 구릉지 등에서 주로 산다. 둥우리는 강가나 개울가 근처의
언덕 위의 땅바닥에다 밥그릇 모양으로 짓고, 4개 정도의 알을 낳는다. 먹이로는 개울
가나 들판의 논과 밭에 사는 곤충류를 주로 먹는다.
할미새 무리 가운데 가장 많기 때문에 우리나라의 전역에서 흔히 볼 수 있다.

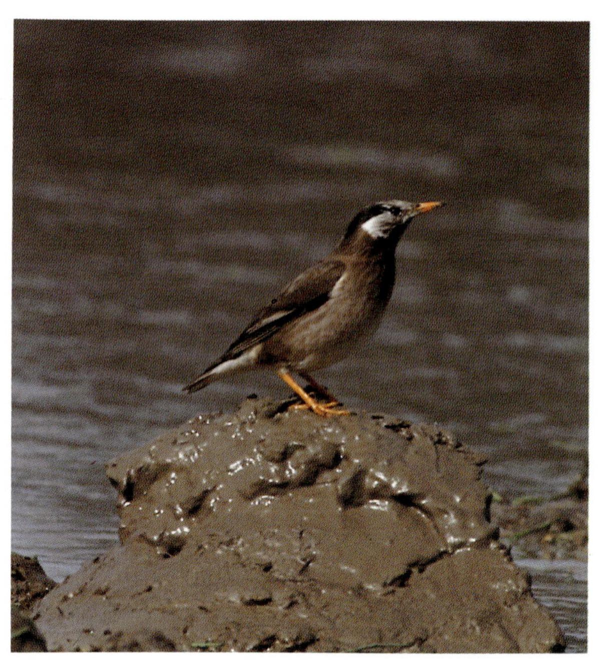

찌르레기 （영명） Gray Starling （학명） *Sturnus cineraceus* TEMMINCK
　찌르레기과에 속하는 가장 큰 종으로 우리나라의 중부 이북 지방에서는 여름 철새이
나 경남, 전남, 제주 지방에서는 적은 수가 월동하는 겨울 철새이다.
　몸 길이는 약 24센티미터이며 암수의 깃털은 약간 다르다. 수컷의 머리는 검은색과
회색 바탕에 흰 점이 있고 암컷은 갈색이다. 수컷의 등은 갈색을 띠는 진한 회색이며
암컷은 수컷보다 흐린 갈색이다. 턱밑은 흰색이며 가슴은 흐린 검은색이다. 암컷은
회갈색이다. 배는 때묻은 회색이며 부리와 다리는 황색이다.
　주로 도시의 공원, 학교 교정, 들판의 고목나무의 자연 구멍, 돌담의 틈, 둥우리 상자
에다 짓고 4 내지 9개의 알을 낳는다. 먹이로는 해충을 주로 먹으며 나무 열매도
먹는다.
　우리나라 전역에서 흔히 볼 수 있다.

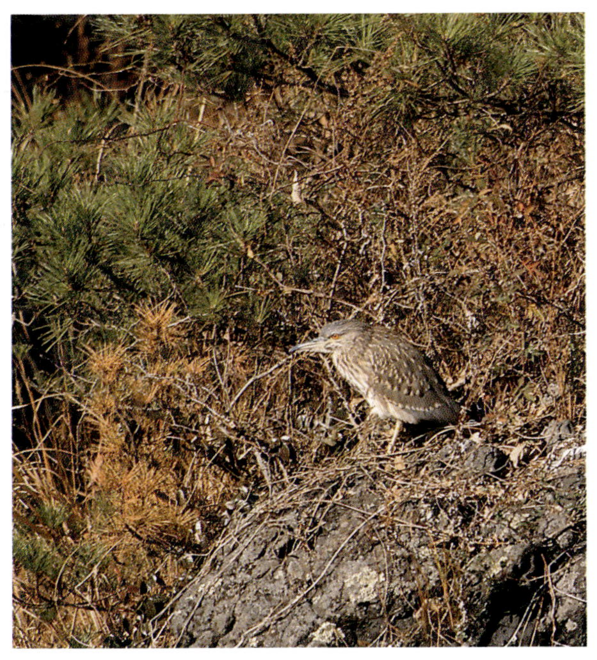

해오라기　(영명) Black-crowned Night Heron　(학명) *Nycticorax nycticorax nycticorax*
백로과에 속하는 종으로 우리나라에서 여름을 지내고 가을에 강남 지방으로 가는 여름 철새이다.
몸 길이는 약 57센티미터이며 암수의 깃털은 거의 동일하다. 머리 꼭대기는 녹청색의 금속 광택이 있는 검은색이며 뺨, 턱밑, 가슴, 배는 흰색이다. 등과 어깨는 머리 꼭대기와 같은 검은색이다. 부리는 검은색이며 다리는 어두운 황색이다.
낮에는 논, 호반, 소택지, 갈대밭, 산지에서 생활하며 주로 밤에 먹이를 찾아 활동을 시작한다. 둥우리는 삼나무, 소나무, 잡목의 나뭇가지 위에다 짓고 3 내지 6개의 알을 낳는다. 먹이로는 어류, 새우류, 개구리, 뱀, 곤충류 등을 즐겨 먹는다.
우리나라에서는 경기도 문산, 경남 신평리 등지에서 볼 수 있다.

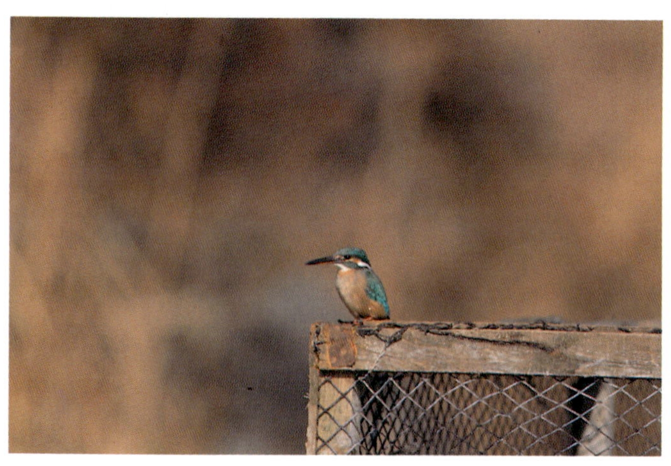

물총새　（영명） Common Kingfisher　（학명）*Alcedo atthis bengalensis*　GMELIN
　물총새과에 속하는 가장 작은 종으로 우리나라에는 5월 초순에 찾아오기 시작하여,
10월에 강남 지방으로 가는 여름 철새이다. 적은 수가 남해안에서 월동한다.
　몸 길이는 약 17센티미터이며 전체의 깃털은 파란색이다. 머리 꼭대기부터 등까지는
파란색이며 등 양쪽은 어두운 파란색이다. 턱밑은 흰색이며 가슴, 배는 흐린 붉은색
이다. 뾰족하고 긴 부리는 검은색이나 암컷은 아랫부리가 붉은색이다.
　주로 물가 근처의 산림, 논과 밭, 저수지 부근에서 산다. 둥우리는 경사진 언덕에다
수평으로 땅을 파서 짓고 4 내지 7개의 알을 낳는다. 먹이로는 어류 가운데 민물고기
를 즐겨 먹는다. 먹이를 잡을 때는 공중에서 공격을 하거나 나무 꼭대기에 앉아 있다
가 갑자기 공격하여 날카로운 부리로 잡는다.
　우리나라의 개울가 근처의 숲속 어디에서나 볼 수 있다.

100 남해안과 제주도에서 겨울을 나는 여름 철새

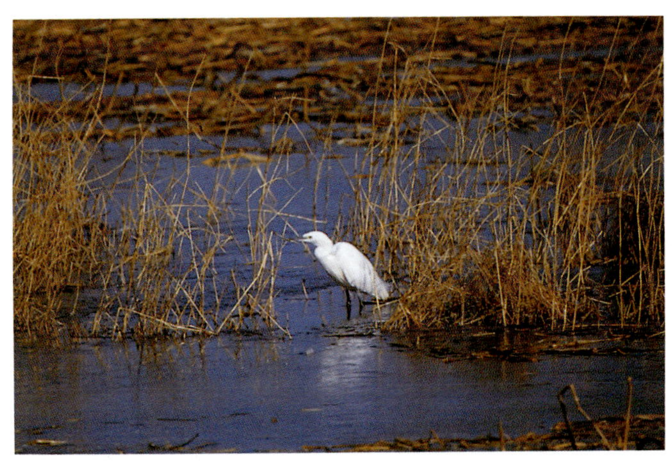

쇠백로　（영명）Little Egret　（학명）*Egretta garzetta garzetta*　（LINNAEUS）
　백로 무리에 속하는 종으로 우리나라에는 4월 중순에 찾아와서 번식을 마친 뒤에
10월 중순에 강남 지방으로 가는 여름 철새이다. 그러나 적은 수가 남부 지방에서
월동을 하기도 한다.
　몸 길이가 약 61센티미터로 백로 무리 가운데 작은 편에 속하여 쉽게 구별할 수 있
다. 검은색인 부리와 다리를 제외하고는 전체적으로 흰색을 띠며, 머리 뒤에 2개의
댕기가 있고 발가락이 노랑색이다.
　강가, 저수지, 강 하구, 남해안의 얕은 바닷가 등에서 살며 중백로, 중대백로, 왜가리
등과 혼성 번식을 한다. 먹이는 어류, 개구리, 수서 동물 등이다.
　우리나라에서는 1960년도를 전후해서 남해안의 하동, 해남, 무안 등지에서 주로 번식
했다. 그러나 최근에는 충남 유성 부근의 감성리, 강원도 횡성군 압곡리, 경기도 김포
군 월곶리(유도)에서 적지 않은 수를 볼 수 있다.

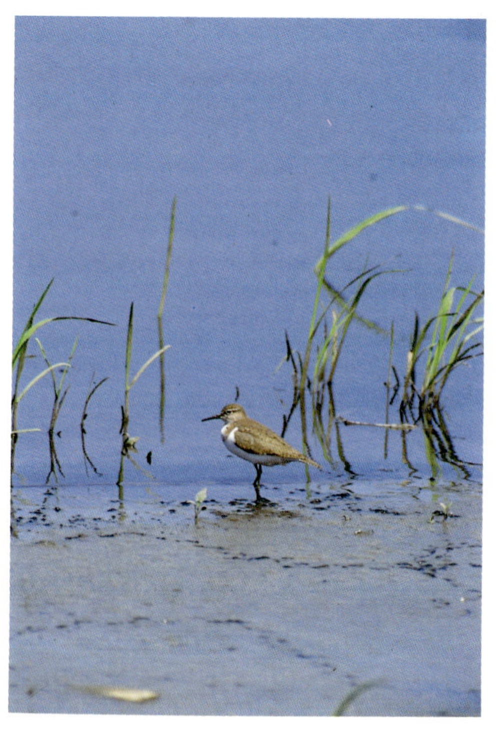

깝작도요 (영명) Common Sandpiper (학명) *Tringa hypoleucos* LINNAEUS
도요과에 속하는 종으로 봄과 가을에 우리나라를 지나가는 흔한 나그네 새이다.
몸 길이는 약 20센티미터이며 깃이 여름과 겨울에 약간 다르다. 여름에는 깃의 머리
에서 등까지 구리빛 갈색으로 검은색의 가는 선이 있고, 가슴과 배는 흰색으로 윗가
슴에는 갈색의 세로 얼룩무늬가 있다. 겨울에는 등 바깥쪽 부분에 어두운 색의 가는
얼룩무늬가 있으며 윗가슴엔 얼룩무늬가 없다. 부리는 어두운 갈색이고 다리는 황갈
색이다.
바닷가의 암초, 내륙의 개울, 해변의 물이 괸 곳에서 산다. 둥우리는 모래와 자갈이
있는 곳, 나무뿌리 등의 오목한 곳에 짓고 3, 4개의 알을 낳는다. 먹이로는 곤충류를
주로 먹으며 작은 패류, 거미류 등도 포식한다. 이 종은 목을 좌우로 흔들면서 걷다가
꼬리를 위아래로 까딱거리는 것이 특징이다.
우리나라의 전역에서 흔히 볼 수 있다.

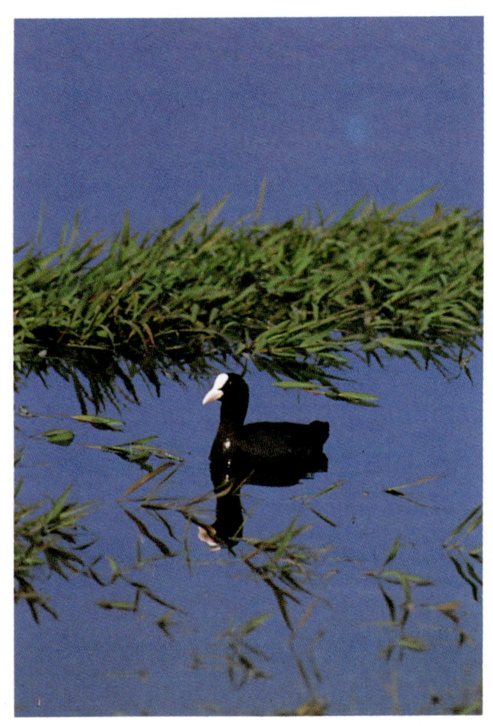

물닭 （영명）Coot （학명）*Fulica atra atra* LINNAEUS

뜸부기과에 속하는 종으로 봄과 가을에 우리나라를 지나가는 나그네 새이다.
몸 길이는 약 39센티미터이며 몸 전체의 깃은 검은색이다. 부리에서 머리 꼭대기까지
는 흰색이며 둔하게 생긴 다리는 오렌지색이다. 발가락 사이에는 어두운 회색의 물갈
퀴가 있다.
내륙의 저수지, 연못 등에서 오리떼와 무리를 지어 산다. 둥우리는 물가의 갈대나
줄풀 속에 짓고 6 내지 10개의 알을 낳는다. 먹이로는 벼와 보리의 어린잎, 수초인
마름, 곤충, 작은 물고기를 즐겨 먹는다.
우리나라에서는 5월과 9월을 전후하여 전국의 강, 호수, 저수지의 가장자리 어디에서
나 볼 수 있다.

참고 문헌

원병오 「한국동식물도감」(조류편) 문교부, 1981.
원병오 「한국의 새」(천연기념물) 범양사, 1984.
高野伸二 「日本の野鳥」山と渓谷社, 1987.
윤무부 「최신 한국조류명집」아카데미서적, 1987.
윤무부 「한국의 새」(생태도감) 아카데미서적, 1987.
윤무부 「강원의 자연」(조류편) 강원도 교육위원회, 1988.

국가 지정 문화재 천연기념물 조류 목록

번호	지정번호	명 칭	소 재 지	면 적 (개 체 수)	지정일
1	11	광릉 크낙새 서식지	경기도 남양주군 진접면 부평리 산 99의 1 외 3필	756,000평	1962. 12. 3.
2	13	진천노(왜가리) 번식지	충청북도 진천군 이월면 노원리 960 외 1필	751평	1962. 12. 3.
3	101	진도의 백조 (고니) 도래지	전라남도 진도군 진도면 수유리, 군내면 덕병리 해안 일대 및 둔전 저수지(469,395㎡)	해안 일원	1962. 12. 3. 1990. 4. 22 (추가 지정)
4	179	낙동강 하류 철새 도래지	경상남도 김해군과 부산시	241,778,658㎡	1966. 7. 13.
5	197	크낙새	전 국	—	1968. 5. 30.
6	198	따오기	전 국	—	1968. 5. 30.
7	199	황새	전 국	—	1968. 5. 30.
8	200	먹황새	전 국	—	1968. 5. 30.
9	201	백조(고니, 큰고니, 흑고니)	전 국	—	1968. 5. 30.
10	202	두루미	전 국	—	1968. 5. 30.
11	203	재두루미	전 국	—	1968. 5. 30.
12	204	팔색조	전 국	—	1968. 5. 30.
13	205	저어새 및 노랑부리저어새	전 국	—	1968. 5. 30.
14	206	느시(너화 또는 들칠면조)	전 국	—	1968. 5. 30.
15	209	여주 신접리의 백로 및 왜가리 번식지	경기도 여주군 북내면 신접리 285	1,951평	1968.. 7. 18.

번호	지정번호	명 칭	소 재 지	면 적 (개 체 수)	지정일
16	211	무안 용월리 백로 및 왜가리 번식지	전라남도 무안군 무안면 월리 307의 1	10.394평	1968. 7. 18.
17	215	흑비둘기	전 국	—	1968. 7. 18.
18	227	거제도 연안의 아비 도래지	경상남도 거제도 연안 일원	거제군 연안	1970. 10. 30
19	228	흑두루미	전 국	—	1970. 10. 30
20	229	양양 포매리의 백로 및 왜가리 번식지	강원도 양양군 현남면 포매리 122의 3	4,700평	1970. 11. 5.
21	231	통영 도선리의 백로 및 왜가리 번식지	경상남도 통영군 도사면 도선리 산 280 외 2필	3,090평	1970. 11. 5.
22	233	거제 학동의 동백림 및 팔색조 번식지	경상남도 거제군 동부면 학동리 산 1외 3필	1,145평	1971. 9. 13.
23	237	울릉도 사동의 흑비둘기 서식지	경상북도 울릉군 남면 사동 29필지	2,375평	1971. 12. 14.
24	242	까막딱따구리	전 국	—	1973. 4. 12
25	243	수리류(독수리, 참수리, 검독수리, 흰꼬리수리)	전 국	—	1973. 4. 12
26	245	철원 천통리 철새 도래지	강원도 철원군 철원읍 일부	12만 평	1973. 7. 10.
27	248	횡성압곡리의 백로 및 왜가리 번식지	강원도 횡성군 서원면 압곡리 186의 2	7,000평	1973. 10. 1.
28	250	한강 하류의 재두루미 도래지	경기도 파주군 교하면 일부(신촌리, 문발리, 서비리, 산남리에 연접된 한강변의 충적·퇴적 지역)	3,816,890㎡	1975. 2. 21.
29	265	연산 화악리의 오골계	충청남도 논산군 연산면 화악리	500마리	1980. 4. 1.

번호	지정번호	명 칭	소 재 지	면 적 (개 체 수)	지 정 일
30	323	매류(참매, 붉은배새매, 새매, 개구리매류, 황조롱이, 매)	전 국	—	1982. 11. 4.
31	324	올빼미·부엉이류(올빼미, 수리부엉이, 솔부엉이, 칡부엉이, 쇠부엉이, 소쩍새, 큰소쩍새)	전 국	—	1982. 11. 4.
32	325	기러기류(개리, 흑기러기)	전 국	—	1982. 11 4.
33	326	검은머리물떼새	전 국	—	1982. 11 4.
34	327	원앙	전 국	—	1982. 11 4.
35	332	칠발도 해조류(바다 제비, 슴새, 칼새) 번식지	전라남도 신안군 칠발도 일원	36,993㎡	1982. 11 4.
36	333	사수도 조류(흑비둘기, 슴새) 번식지	제주도 북제주군 사수도 일원	69,223㎡	1982. 11 4.
37	334	난도 괭이갈매기 번식지	충청남도 서산 난도 일원	47,603㎡	1982. 11 4.
38	335	홍도 괭이갈매기 번식지	경상남도 통영군 홍도 일원	98,380㎡	1982. 11 4.
39	336	독도 해조류(바다 제비, 슴새, 괭이갈매기) 번식지	경상북도 울릉군 독도 일원	178,781㎡	1982. 11 4.
40	341	구굴도 해조류(뿔쇠오리, 슴새, 바다제비) 번식지	전라남도 신안군 흑산면 가거도리 산 2번지 및 3번지	26,380㎡ 2번지 대구굴도 3번지 소구굴도	1984. 8. 10.
41	360	신도 노랑부리백로 및 괭이갈매기 번식지	경기도 옹진군 북도면 장봉리 신도 전역	5.945㎡	1988 8. 23.
42	361	노랑부리백로	전 국	—	1988. 8. 23.

빛깔있는 책들 301-5

한국의 텃새

글	―윤무부
사진	―윤무부
발행인	―장세우
발행처	―주식회사 대원사
주간	―박찬중
편집	―김한주, 신현희, 조은정, 황인원
미술	―차장/김진락 윤용주, 이정은, 조옥례
전산사식	―김정숙, 육세림, 이규헌

첫판 1쇄 ―1990년 7월 31일 발행
첫판 8쇄 ―2003년 5월 30일 발행

주식회사 대원사
우편번호/140-901
서울 용산구 후암동 358-17
전화번호/(02) 757-6717~9
팩시밀리/(02) 775-8043
등록번호/제 3-191호
http://www.daewonsa.co.kr

이 책에 실린 글과 그림은, 저자와 주
식회사 대원사의 동의가 없이는 아무
도 이용하실 수 없습니다.

잘못된 책은 책방에서 바꿔 드립니다.

값 13,000원

Daewonsa Publishing Co., Ltd.
Printed in Korea(1990)

ISBN 89-369-0097-8 00490

빛깔있는 책들

민속(분류번호 : 101)

1 짚문화	2 유기	3 소반	4 민속놀이(개정판)	5 전통 매듭
6 전통 자수	7 복식	8 팔도 굿	9 제주 성읍 마을	10 조상 제례
11 한국의 배	12 한국의 춤	13 전통 부채	14 우리 옛악기	15 솟대
16 전통 상례	17 농기구	18 옛다리	19 장승과 벅수	106 옹기
111 풀문화	112 한국의 무속	120 탈춤	121 동신당	129 안동 하회 마을
140 풍수지리	149 탈	158 서낭당	159 전통 목가구	165 전통 문양
169 옛 안경과 안경집	187 종이 공예 문화	195 한국의 부엌	201 전통 옷감	209 한국의 화폐
210 한국의 풍어제				

고미술(분류번호 : 102)

20 한옥의 조형	21 꽃담	22 문방사우	23 고인쇄	24 수원 화성
25 한국의 정자	26 벼루	27 조선 기와	28 안압지	29 한국의 옛 조경
30 전각	31 분청사기	32 창덕궁	33 장석과 자물쇠	34 종묘와 사직
35 비원	36 옛책	37 고분	38 서양 고지도와 한국	39 단청
102 창경궁	103 한국의 누	104 조선 백자	107 한국의 궁궐	108 덕수궁
109 한국의 성곽	113 한국의 서원	116 토우	122 옛기와	125 고분 유물
136 석등	147 민화	152 북한산성	164 풍속화(하나)	167 궁중 유물(하나)
168 궁중 유물(둘)	176 전통 과학 건축	177 풍속화(둘)	198 옛 궁궐 그림	200 고려 청자
216 산신도	219 경복궁	222 서원 건축	225 한국의 암각화	226 우리 옛 도자기
227 옛 전돌	229 우리 옛 질그릇	232 소쇄원	235 한국의 향교	239 청동기 문화
243 한국의 황제	245 한국의 읍성	248 전통장신구		

불교 문화(분류번호 : 103)

40 불상	41 사원 건축	42 범종	43 석불	44 옛절터
45 경주 남산(하나)	46 경주 남산(둘)	47 석탑	48 사리구	49 요사채
50 불화	51 괘불	52 신장상	53 보살상	54 사경
55 불교 목공예	56 부도	57 불화 그리기	58 고승 진영	59 미륵불
101 마애불	110 통도사	117 영산재	119 지옥도	123 산사의 하루
124 반가사유상	127 불국사	132 금동불	135 만다라	145 해인사
150 송광사	154 범어사	155 대흥사	156 법주사	157 운주사
171 부석사	178 철불	180 불교 의식구	220 전탑	221 마곡사
230 갑사와 동학사	236 선암사	237 금산사	240 수덕사	241 화엄사
244 다비와 사리	249 선운사